UG NX8.0 中文版标准实例教程

胡仁喜　康士廷　等编著

机 械 工 业 出 版 社

本书按知识结构分为 10 章，内容包括 UG NX8.0 的简介、建模基础、曲线功能、草图设计、表达式、建模特征、编辑特征、曲面功能、装配建模、工程图等知识。在介绍的过程中，注意由浅入深，从易到难，各章节既相对独立又前后关联，在介绍的过程中，作者根据自己多年的经验及学习的通常心理，及时给出总结和相关提示，帮助读者及时快捷地掌握所学知识。全书解说翔实，图文并茂，语言简洁，思路清晰。本书可以作为初学者的入门教材，也可作为工程技术人员的参考工具书。

图书在版编目（CIP）数据

UG NX 8.0 中文版标准实例教程/胡仁喜等编著 . —2 版 . —北京：机械工业出版社，2012. 12
ISBN 978-7-111- 40933-5

Ⅰ.①U… Ⅱ.①胡… Ⅲ.①计算机辅助设计—应用软件—教材 Ⅳ.①TP391. 72

中国版本图书馆 CIP 数据核字（2012）第 308515 号

机械工业出版社（北京市百万庄大街 22 号 邮政编码 100037）
策划编辑：曲彩云 责任编辑：曲彩云
责任印制：张 楠
北京中兴印刷有限公司印刷
2013 年 1 月第 2 版第 1 次印刷
184mm×260mm · 19.75 印张 · 485 千字
0 001 —3 000 册
标准书号：ISBN 978-7-111-40933-5
　　　　　 ISBN 978-7-89433-735-1（光盘）
定价：49.00 元（含 1DVD）

凡购本书，如有缺页、倒页、脱页，由本社发行部调换
　　　　　　　　　　　　　　策划编辑：（010）88379782
电话服务　　　　　　　　　网络服务
社 服 务 中 心：(010)88361066　教材网：http://www.cmpedu.com
销 售 一 部：(010)68326294　机工官网：http://www.cmpbook.com
销 售 二 部：(010)88379649　机工官博：http://weibo.com/cmp1952
读者购书热线：(010)88379203　**封面无防伪标均为盗版**

前　言

Unigraphics（简称为 UG）是美国 EDS 公司出品的一套集 CAD/CAM/CAE 于一体的软件系统。它的功能覆盖了从概念设计到产品生产的整个过程，并且广泛地运用在汽车、航天、模具加工及设计和医疗器械等方面。它提供了强大的实体建模技术，提供了高效能的曲面建构能力，能够完成最复杂的造形设计，除此之外，装配功能、2D 出图功能、模具加工功能及与 PDM 之间的紧密结合，使得 UG 在工业界成为一套非常优秀的高级 CAD/CAM 系统。

UG 自从 1990 年进入我国以来，以其强大的功能和工程背景，已经在我国的航空、航天、汽车、模具和家电等领域得到广泛的应用。尤其 UG 软件 PC 版本的推出，为 UG 在我国的普及起到了良好的推动作用。

本书从内容的策划到实例的讲解完全是由专业人士根据他们多年的工作经验以及自己的心得进行编写的。本书将理论与实践相结合，具有很强的针对性。读者在学习本书之后，可以很快地学以致用，提高自己的工程设计能力，使自己在工程设计世界中立于不败之地。

本书由《Unigraphics NX6.0 中文版标准实例教程》经过修订改编而成。原书在使用的过程中，受到广大师生的好评，也提出了很多中肯的修改意见，在这次修订过程中，作者注意按读者的反馈进行了必要的改进和增补，使本书更加完善。全书按知识结构分为 10 章，内容包括 UG NX8.0 的简介、建模基础、曲线功能、草图设计、表达式、建模特征、编辑特征、曲面功能、装配建模、工程图等知识。在介绍的过程中，注意由浅入深，从易到难，各章节既相对独立又前后关联。全书解说翔实，图文并茂，语言简洁，思路清晰。本书可以作为初学者的入门教材，也可作为工程技术人员的参考工具书。

为了配合各大中专学校师生利用此书进行教学的需要，随书配赠多媒体光盘，包含全书全程实例动画语音讲解同步 AVI 文件、实例和上机实验源文件，以及专为老师教学准备的 Powerpoint 多媒体电子教案。

本书由胡仁喜和康士廷主要编写，刘昌丽、张日晶、孟培、万金环、闫聪聪、卢园、杨雪静、郑长松、张俊生、周冰、李瑞、董伟、王敏、王玮、王玉秋、王义发、王培合、辛文彤、路纯红、王艳池等参与了部分章节的编写，另外余伟巍、万欣和徐东升为本书的出版也提供了大量帮助，在此向他们致以最诚挚的感谢！

由于时间仓促，作者水平有限，疏漏之处在所难免，希望广大读者登录网站 www.sjzsanweishuwu.com 或联系 win760520@126.com 提出宝贵的批评意见。

编　者

目　录

第1章　UG NX8.0简介

☞ 本章导读

　　UG(Unigraphics)是 Unigraphics Solutions 公司推出的集 CAD/CAM/CAE 为一体的三维机械设计平台,也是当今世界广泛应用的计算机辅助设计、分析和制造软件之一,广泛应用于汽车、航空航天、机械、消费产品、医疗器械、造船等行业,它为制造行业产品开发的全过程提供解决方案,功能包括概念设计、工程设计、性能分析和制造。本章主要介绍 UG 的发展历程及 UG 软件界面的工作环境,简单介绍如何自定义工具栏,最后介绍 UG 产品流程及个性设计。

✍ 内容要点

　　♣　UG 产品综述　　♣　工作环境　　♣　工具栏的定制
　　♣　建模流程实例

1.1　产品综述

　　UG 采用基于约束的特征建模和传统的几何建模为一体的复合建模技术。在曲面造型、数控加工方面是强项,在分析方面较为薄弱。但 UG 提供了分析软件 NASTRAN、ANSYS、PATRAN 接口,机构动力学软件 IDAMS 接口,注塑模分析软件 MOLDFLOW 接口等。

　　UG 具有以下优势:

　　(1) UG 可以为机械设计、模具设计以及电器设计单位提供一套完整的设计、分析和制造方案。

　　(2) UG 是一个完全的参数化软件,为零部件的系列化建模、装配和分析提供强大的基础支持。

　　(3) UG 可以管理 CAD 数据以及整个产品开发周期中所有相关数据,实现逆向工程(Reverse Design)和并行工程(Concurrent Engineer)等先进设计方法。

　　(4) UG 可以完成包括自由曲面在内的复杂模型的创建,同时在图形显示方面运用了区域化管理方式,节约系统资源。

　　(5) UG 具有强大的装配功能,并在装配模块中运用了引用集的设计思想。为节省计算机资源提出了行之有效的解决方案,可以极大地提高设计效率。

　　随着 UG 版本的提高,软件的功能越来越强大,复杂程度也越来越高。对于汽车设计者来说,UG 是使用得最广泛的设计软件之一。目前国内的大部分院校、研发部门都在使用该软件。上海汽车工业集团总公司、上海大众汽车公司、上海通用汽车公司、泛亚汽车技术中心、同济大学等都在教学和研究中使用 UG 作为工作软件。

1.2　工作环境

本节介绍 UG 的主要工作界面及各部分功能，了解各部分的位置和功能之后才可以有效进行工作设计。UG NX8.0 主工作区如图 1-1 所示。

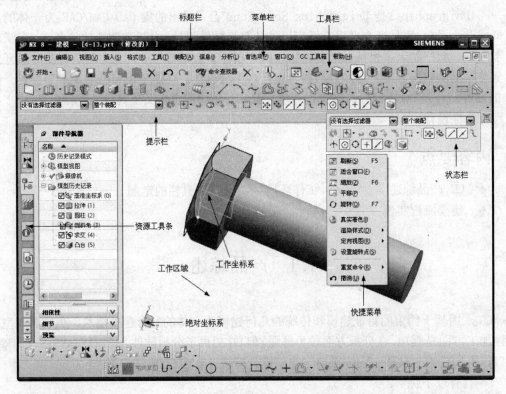

图 1-1　工作窗口

1. 标题栏

用来显示软件版本以及当前的模块和文件名等信息。

2. 菜单栏

菜单栏包含了本软件的主要功能，系统的所有命令或者设置选项都归属到不同的菜单下，它们分别是：文件菜单、编辑菜单、视图菜单、插入菜单、格式菜单、工具菜单、装配菜单、信息菜单、分析菜单、首选项菜单、窗口菜单、CC 工具箱和帮助菜单。当单击菜单时，在下拉菜单中就会显示所有与该功能有关的命令选项。图 1-2 所示为工具下拉菜单的命令选项，有如下特点：

（1）快捷字母：例如文件中的是系统默认快捷字母命令键，按下 Alt+F 即可调用该命令选项。比如要执行【文件】→【打开】命令，按下 Alt+F 后再按 O 即可调出该命令。

（2）功能命令：是实现软件各个功能所要执行的各个命令，单击它会调出相应功能。

（3）提示箭头：是指菜单命令中右方的三角箭头，表示该命令含有子菜单。

（4）快捷键：命令右方的按钮组合键即是该命令的快捷键，在工作过程中直接按下组合键即可自动执行该命令。

3．工具栏

工具栏中的命令以图形的方式表示命令功能，所有工具栏的图形命令都可以在菜单栏中找到相应的命令，这样可以使用户避免在菜单栏中查找命令的繁琐，方便操作。

4．工作区

工作区是绘图的主区域。

5．坐标系

UG 中的坐标系分为工作坐标系（WCS）和绝对坐标系（ACS），其中工作坐标系是用户在建模时直接应用的坐标系。

6．快捷菜单

快捷菜单栏在工作区中右击鼠标即可打开，其中含有一些常用命令及视图控制命令，以方便绘图工作。

7．资源工具条

资源工具条内容如图 1-3 所示。单击导航器或浏览器按钮会飞出一页面显示窗口，当单击 按钮时可以切换页面的固定和滑移状态（如图 1-4 所示）。

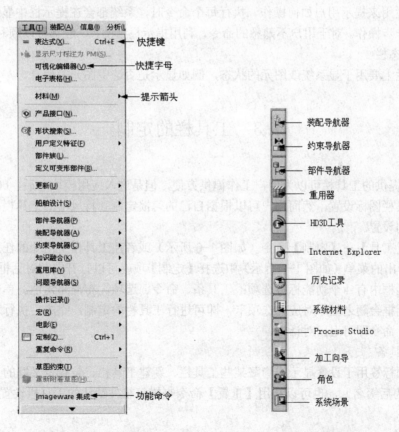

图 1-2　工具下拉菜单　　　　　　图 1-3　资源工具条

单击主页浏览器图标，用它来显示 UG NX8.0 的在线帮助、CAST、e-vis、iMan

或其他任何网站和网页。单击历史记录图标🕐，可访问打开过的零件列表，可以预览零件及其他相关信息，如图 1-5 所示。

图 1-4 固定窗口   图 1-5 历史信息

8．提示栏

提示栏用来提示用户如何操作。执行每个命令时，系统都会在提示栏中显示用户必须执行的下一步操作。对于用户不熟悉的命令，利用提示栏帮助，一般都可以顺利完成操作。

9．状态栏

状态栏主要用于显系统或图元的状态，例如显示是否选中图元等信息。

1.3 工具栏的定制

UG 中提供的工具栏可以为用户工作提供方便，但是进入应用模块之后，UG 只会显示默认的工具栏图标设置，然而用户可以根据自己的习惯定制独特风格的工具栏，本节将介绍工具栏的设置。

执行【工具】→【定制】命令（如图 1-6 所示）或者在工具栏空白处的任意位置右击鼠标，从弹出的菜单（如图 1-7 所示）中选择【定制】项就可以打开定制对话框，如图 1-8 所示，对话框中有 4 个功能标签选项：工具条、命令、选项、布局和角色。单击相应的标签后，对话框会随之显示对应的选项卡，即可进行工具栏的定制，完成后执行对话框下方的【关闭】命令即可退出对话框。

1．工具条

该选项标签用于设置显示或隐藏某些工具栏、新建工具栏、装载定义好的工具栏文件（以.tbr 为后缀名），也可以利用【重置】命令来恢复软件默认的工具栏设置。如图 1-8 所示

2．命令

该选项标签用于显示或隐藏工具栏中的某些图标命令，如图 1-9 所示，具体操作为：

在【类别】栏下找到需添加命令的工具栏，然后在【命令】栏下找到待添加的命令，将该命令拖至工作窗口的相应工具栏中即可。对于工具栏上不需要的命令图标直接拖出，然后释放鼠标即可。命令图标用同样方法也可以拖动到菜单栏的下拉菜单中。

图 1-6　【工具】→【定制】命令

图 1-7　弹出的菜单

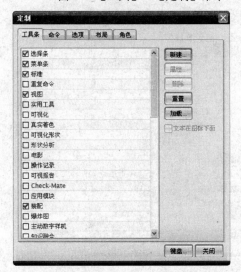

图 1-8　【工具条】标签

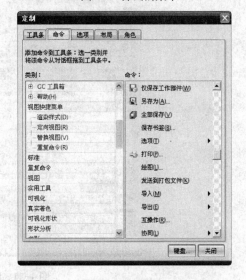

图 1-9　【命令】标签

3．选项

该选项标签用于设置是否显示完全的下拉菜单列表，设置恢复默认菜单以及工具栏和菜单栏图标大小的设置。

4．布局

该选项标签中包括对【当前应用模块】的保存布局和重置的设置以及【提示/状态位置】、【停靠优先级】和【选择条位置】的设置

5．角色

该选项标签中包括对【角色】的加载和创建。

1.4 入门实例

本节中主要完成 UG 建模过程中从基本建模到装配，到工程图的创建。利用一简单实例进行具体的操作，完成该流程。需要创建的各组件如图 1-10 所示。

图 1-10 螺母零件和基本装配零件示意图

1.4.1 草图绘制

（1）启动 UG NX8.0，单击新建 图标，即新建一 .prt 文件，输入新建文件名 11，如图 1-11 所示，选择【模型】模板，采用毫米单位，单击【确定】按钮，进入建模环境。

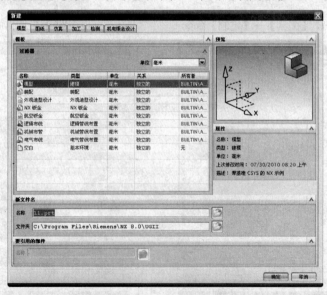

图 1-11 【新建文件】对话框

（2）执行【插入】→【任务环境中的草图】命令，或单击【任务环境中的草图】图标图标。弹出"创建草图"对话框，如图 1-12 所示，选择默认平面，进入草图绘制环境。

（3）利用 / （直线）图标命令在草图平面上绘制直线，只需绘制出大致形状即可，而后利用（自动推断尺寸）来进行尺寸约束，利用（约束）来进行几何约束。使得正六边形关于水平轴对称，边长 24mm（如图 1-13 所示）。

（4）完成草图绘制后，单击图标，退出草图模式。

图 1-12 "草图"绘制环境

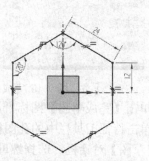

图 1-13 完成后的草图

1.4.2 实体成型

（1）执行【插入】→【设计特征】→【拉伸】命令，拉伸成形实体，拉伸长度为 25mm，如图 1-14 所示。单击【确定】按钮，即可完成拉伸操作。

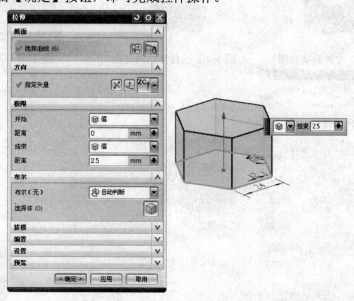

图 1-14 "拉伸" 实体示意图

（2）执行【插入】→【设计特征】→【拉伸】命令，弹出拉伸对话框，单击【绘制截面】图标 ，弹出"创建草图"对话框，【平面方法】选择【现有平面】，选择实体上表面，进入草图绘制环境，如图 1-15 所示。

（3）选择圆 创建模式，输入圆心坐标"0,0"，捕捉正六边形的一边，即可创建内切于正六边形的内切圆，如图 1-16 所示。

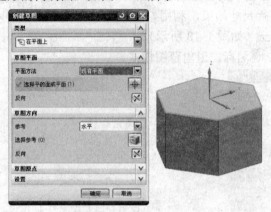

图 1-15 完成内切圆创建   图 1-16 创建内切圆

（4）单击【完成草图】图标 拉伸该内切圆，长度为 1mm，如图 1-17 所示。

（5）单击特征工具栏中的孔图标 ，弹出【孔】对话框，单击【绘制截面】图标 ，弹出【创建草图】对话框，选择螺母顶面作为孔的放置平面，如图 1-18 所示，单击确定，弹出【草图点】对话框，如图 1-19 所示。单击【点】图标 ，弹出【点】对话框，设置圆心点坐标为（0,0,0），单击关闭对话框，返回【孔】对话框，设置孔的尺寸如图 1-20 所示。单击确定，完成孔的创建，如图 1-21 所示。

图 1-17 拉伸后实体图   图 1-18 选择孔的创建面   图 1-19 草图点对话框

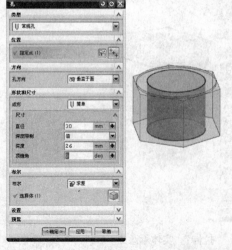   

图 1-20 "创建孔"示意图   图 1-21 孔创建后实体示意图

（6）新建一 prt 文件，命名为 22，进入建模环境后，执行【插入】→【设计特征】→【圆柱体】命令，创建两圆柱，并且将两圆柱进行【求和】运算。其中细长圆柱体高 80mm，直径 30mm，另一圆柱体高 15mm，直径 50mm，都以原点为其底面圆心。完成后如图 1-22 所示。

图 1-22　完成后的基本装配零件

1.4.3　装配建模

（1）以下完成两零件的组装操作，在 22.prt 的建模环境下，执行【装配】→【组件】→【添加组件】命令，弹出"添加组件"对话框，选择 11 文件（如图 1-23 所示），在定位方式下选择"选择原点"方式，单击【应用】按钮。系统弹出"点"对话框，要求指定导入的原点，选择如图 1-24 所示圆心位置，导入零件。

（2）导入零件后，系统会保留导入对话框，以便多次导入同一部件，此处仅导入一个部件，单击【取消】即可。

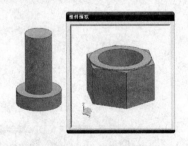
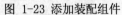

图 1-23　添加装配组件　　　　　　　图 1-24　定位装配组件

（3）执行【装配】→【组件位置】→【移动组件】命令，选择导入的部件，单击【确定】按钮，对其进行重新定位，以便更好地进行装配工作（如图 1-25 所示）。

（4）选择点到点类型，选择 11 零件为要移动的组件，单击【指定出发点】图标，然后选取此零件的端点圆心，单击【指定终止点】图标，再选取 22 零件的端点圆心，单击【确定】按钮，结果如图 1-26 所示。

图 1-25 【移动组件】对话框　　　　　　　　图 1-26 最终装配图

1.4.4 工程图

（1）完成螺母零件（即 11.prt 零件）的工程图的创建。执行【文件】→【新建】命令，输入名称 11-1，选择 A3 图纸，进入工程图环境。

（2）单击基本视图 图标，或执行【插入】→【视图】→【基本】命令，弹出【基本视图】对话框，如图 1-27 所示。

（3）在图 1-28 中选择所要创建的起始视图，选择前视图，然后依次在制图平面创建俯视图、左视图和等轴测视图，完成工程图视图创建。

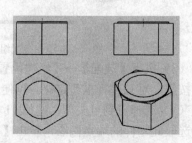

图 1-27 基本视图对话框　　　　　　　　图 1-28 创建基本视图

1．UG NX8.0 是一款什么样的软件，它的应用领域和应用背景如何？

2．利用 UG NX8.0 完成产品设计的一般流程是怎样的？

第2章 UG NX8.0建模基础

本章导读

本章主要介绍 UG 应用中的一些基本操作及经常使用的工具，从而使用户更为熟练建模环境，对于 UG 所提供的建模工具的整体了解是必不可少的，只有了解全局才知道对同一模型可以有多种建模和修改的思路，对更为复杂或特殊的模型的建立游刃有余。

内容要点

- ♣ 文件操作　　♣ 对象操作　　♣ 坐标系操作　　♣ 视图与布局
- ♣ 图层操作　　♣ 常用工具

2.1　文件操作

本节将介绍文件的操作，包括新建文件、打开和关闭文件、保存文件、导入导出文件操作设置等，这些操作可以通过如图 2-1 所示的【文件】菜单的各种命令来完成。

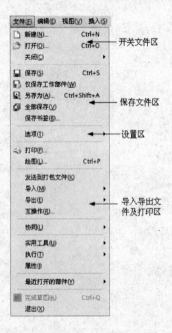

图 2-1 【文件】菜单命令

2.1.1　新建文件

本节将介绍如何新建一个 UG 的 prt 文件，执行【文件】→【新建】或者在工具栏上单击 图标或是按 Ctrl+N 组合键，就可以打开如图 2-2 所示【文件新建】对话框。

在对话框中先选择要创建的文件类型，然后选择模板，在【文件】中输入文件名，接着在【文件夹】中输入保存路径，设置完后点击【确定】即可。

图 2-2【新建】对话框

 提示

UG 不支持中文路径以及中文文件名，所以需要代以英文字母！否则文件将会被认为文件名无效。另外，文件在移动或复制时也要注意路径中不要有中文字符，否则系统会认作为无效文件。这一点，直到 UG NX8.0 依旧没有改变。

2.1.2　打开关闭文件

执行【文件】→【打开】命令或者单击工具栏上的 图标或者按下 Ctrl+O 组合键，系统就会弹出如图 2-3 所示对话框，对话框中会列出当前目录下的所有有效文件以供选择，这里所指的有效文件是根据用户在【文件类型】中的设置来决定的。其【仅加载结构】选项是指若选中此复选框，则当打开一个装配零件的时候，不用调用其中的组件。

另外，可以单击【文件】菜单下的【最近打开的部件】命令来有选择性的打开最近打开过的文件。

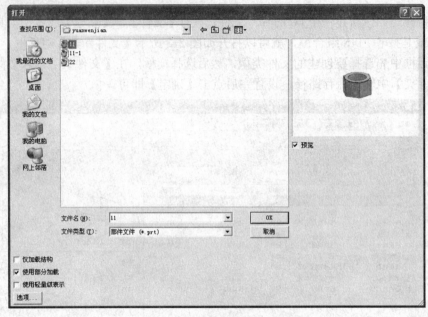

图 2-3 【打开】对话框

关闭文件可以通过执行【文件】→【关闭】下的子菜单命令来完成，如图 2-4 所示。

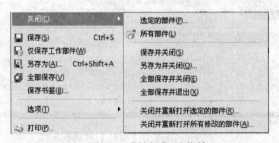

图 2-4 【关闭】子菜单

以下对【关闭】文件【选定的部件（P）】子菜单命令作一介绍：

选择该命令后会弹出如图 2-5 所示对话框，用户选取要关闭的文件，其后单击【确定】即可。对话框的其他选项解释如下：

【顶层装配部件】：用于在文件列表中只列出顶层装配文件，而不列出装配中包含的组件。

【会话中的所有部件】：用于在文件列表列出当前进程中所有载入的文件。

【仅部件】：仅关闭所选择的文件。

【部件和组件】：功能在于，如果所选择的文件是装配文件，则会一同关闭所有属于该装配文件的组件文件。

【关闭所有打开的部件】：可以关闭所有文件，但系统会出现警示对话框，如图 2-6 所示，提示用户已有部分文件作修改，给出选项让用户进一步确定。

其他的命令与之相似，只是关闭之前再保存一下，此处不再详述。

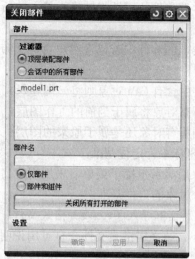

图 2-5　【关闭部件】对话框

图 2-6　警示对话框

2.1.3　导入导出文件

1. 导入文件（Import）

执行【文件】→【导入】命令后系统会弹出如图 2-7 所示的子菜单，提供了 UG 与其他应用程序文件格式的接口，其中常用的有【部件】、【CGM】、【IGES】、【DXF/DWG】等格式文件。以下对部分格式文件作一介绍：

（1）【部件】：UG 系统提供的将已存在的零件文件导入到目前打开的零件文件或新文件中；此外还可以导入 CAM 对象，如图 2-8 所示，功能如下：

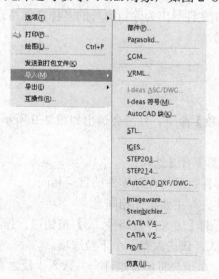

图 2-7　【导入】子菜单

图 2-8　【导入部件】对话框

1)【比例】：该选项中文本框用于设置导入零件的大小比例。如果导入的零件含有自由曲面时，系统将限制比例值为 1。

2)【创建命名的组】：选择该选项后，系统会将导入的零件中的所有对象建立群组，该群组的名称即是该零件文件的原始名称。并且该零件文件的属性将转换为导入的所有对象的属性。

3)【导入视图和摄像机】：选中该复选框后，导入的零件中若包含用户自定义布局和查看方式，系统会将其相关参数和对象一同导入。

4)【导入CAM对象】：选中该复选框后，若零件中含有CAM对象则将一同导入。

5)【工作】图层：选中该选项后，导入零件的所有对象将属于当前的工作图层。

6)【原先的】图层比例：选中该选项后，导入的所有对象还是属于原来的图层。

7)【WCS】：选择该选项，在导入对象时以工作坐标系为定位基准。

8)【指定】：选中该选项后，系统将在导入对象后显示坐标子菜单，采用用户自定义的定位基准，定义之后，系统将以该坐标系作为导入对象的定位基准。

（2）【Parasolid】：单击该命令后系统会弹出对话框导入（*.x_t）格式文件，允许用户导入含有适当文字格式文件的实体（parasolid），该文字格式文件含有可用说明该实体的数据。导入的实体密度保持不变，表面属性（颜色、反射参数等）除透明度外，保持不变。

（3）【CGM】：单击该命令可导入CGM（Computer Graphic Metafile）文件，即标准的ANSI格式的电脑图形中继文件。

（4）【IGES】：单击该命令可以导入IGES格式文件。IGES（Initial Graphics Exchange Specification）是可在一般CAD/CAM应用软件间转换的常用格式，可供各CAD/CAM相关应用程序转换点、线、曲面等对象。

（5）【DFX//DWG】：单击该命令可以导入DFX/DWG格式文件，可见其他CAD/CAM相关应用程序导出的DFX/DWG文件导入到UG中，操作与IGES相同。

2. 导出文件（Export）

执行【文件】→【导出】命令，可以将UG文件导出为除自身外的多种文件格式，包括图片、数据文件和其他各种应用程序文件格式。

2.1.4 文件操作参数设置

1. 载入选项

执行【文件】→【选项】→【装配加载选项】命令，系统会调出如图2-9所示对话框。以下对其主要参数进行说明：

（1）【加载】：用于设置载入的方式，其下有3选项：

➤ 【按照保存的】：用于指定载入的零件目录与保存零件的目录相同。

➤ 【从文件夹】：指定载入零件的文件夹与主要组件相同。

➤ 【从搜索文件夹】：利用此对话框下的【定义搜索路径...】按钮进行搜寻。

（2）【加载】：用于设置零件的载入方式，该选项有5个下拉选项。

（3）【使用部分加载】：取消该选项时，系统会将所有组件一并载入，反之系统仅允许用户打开部分组件文件。

（4）【失败时取消加载】：选中该复选框，当组件文件载入零件时，即使该零件不属于该组件文件，系统也允许用户打开该零件。

（5）【允许替换】：用于控制当系统载入发生错误时，是否中止载入文件。

2. 保存选项

执行【文件】→【选项】→【保存选项】命令将调出如图 2-10 所示对话框，在该对话框中可以进行相关参数设置。下面就对话框中部分参数进行介绍：

（1）【保存时压缩部件】：选中该复选框后，保存时系统会自动压缩零件文件，文件经过压缩需要花费较长时间，所以一般用于大型组件文件或是复杂文件。

（2）【生成重量数据】：用于更新并保存元件的重量及质量特性，并将其信息与元件一同保存。

（3）【保存图样数据】：用于设置保存零件文件时，是否保存图样数据。

➢ 【否】：表示不保存。

➢ 【仅图样数据】：表示仅保存图样数据而不保存着色数据。

➢ 【图样和着色数据】：表示全部保存。

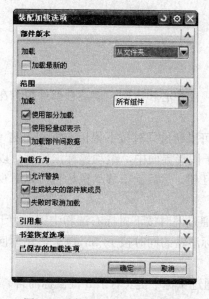

图 2-9 【装配加载选项】对话框

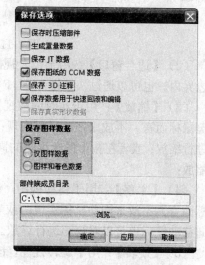

图 2-10 【保存选项】对话框

2.2 对象操作

UG 建模过程中的点、线、面、图层、实体等被称为对象，三维实体的创建、编辑操作过程实质上也可以看作是对对象的操作过程。

2.2.1 观察对象

对象的观察一般有以下几种途径可以实现：

1. 通过快捷菜单

在工作区通过右击鼠标可以弹出如图 2-11 所示菜单栏，部分菜单命令功能说明如下：

（1）【刷新】：用于更新窗口显示，包括：更新 WCS 显示、更新由线段逼近的曲线和边缘显示：更新草图和相对定位尺寸/自由度指示符、基准平面和平面显示。

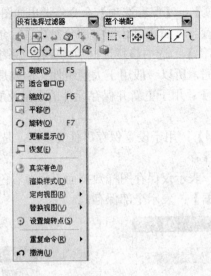

图 2-11 快捷菜单

（2）【适合窗口】：用于拟合视图，即调整视图中心和比例，使整合部件拟合在视图的边界内。也可以通过快捷键 Ctrl+F 实现。

（3）【缩放】：用于实时缩放视图，该命令可以通过同时按下鼠标左键和中键（对于 3 键鼠标而言）不放来拖动鼠标实现；将鼠标置于图形界面中，滚动鼠标滚轮就可以对视图进行缩放；或者在按下鼠标滚轮的同时按下 Ctrl 键，然后上下移动鼠标也可以对视图进行缩放；

（4）【平移】：用于移动视图，该命令可以通过同时按下鼠标右键和中键（对于 3 键鼠标而言）不放来拖动鼠标实现；或者在按下鼠标滚轮的同时按下 Shift】，然后向各个方向移动鼠标也可以对视图进行缩放。

（5）【旋转】：用于旋转视图，该命令可以通过鼠标中键（对于 3 键鼠标而言）不放，再拖动鼠标实现。

（6）【渲染样式】：用于更换视图的显示模式，给出的命令中包含带边着色、着色、带有变暗边的线框、带有隐藏边的线框、静态线框、艺术外观、局部着色、面分析 8 种渲染样式。

（7）【定向视图】：用于改变对象观察点的位置。子菜单中包括用户自定义视角共有 9 个视图命令。

（8）【设置旋转点】：该命令可以令用鼠标在工作区选择合适旋转点，再通过旋转命令观察对象。

　　2．通过视图工具栏

"视图"工具栏如图 2-12 所示，上面每个图标按钮的功能与对应的快捷菜单相同。

　　3．通过视图下拉菜单

执行【视图】菜单命令，系统会弹出如图 2-13 所示子菜单，其中许多功能可以从不同角度观察对象模型。

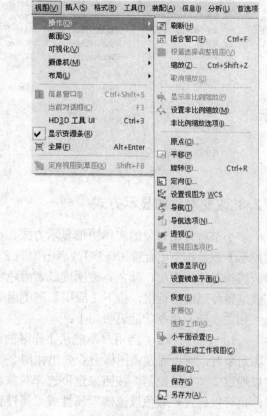

图 2-12 视图工具栏   图 2-13 【视图】下拉菜单

2.2.2 选择对象

在 UG 的建模过程中，对象的选择可以通过多种方式来选择，以方便快速选择目标体，执行【编辑】→【选择】命令后系统会弹出如图 2-14 所示子菜单。

以下对部分子菜单功能作一介绍：

（1）【最高选择优先级——特征】：它的选择范围较为特定，仅允许特征被选择，像一般的线、面不允许选择的。

（2）【最高选择优先级——组件】：该命令多用于装配环境下对各组件的选择。

（3）【全不选】：系统释放所有已经选择的对象。

当绘图工作区有大量可视化对象供选择时，系统会调出如图 2-15 所示的对话框来依次遍历可选择对象，数字表示重叠对象的顺序，各框中的数字与工作区中的对象一一对应，当数字框中的数字高亮显示时，对应的对象也会在工作区中高亮显示。以下给出两种常用选择方法的介绍：

（1）通过键盘：通过键盘上的【→】等移动高亮显示区来选择对象，当确定之后通过单击 Enter 键或鼠标左键单击确认。

（2）移动鼠标：在快速拾取对话框中移动鼠标，高亮显示数字也会随之改变，确定对象后单击左键确认即可。

如果要放弃选择，单击对话框中的关闭按钮或按下 Esc 键即可。

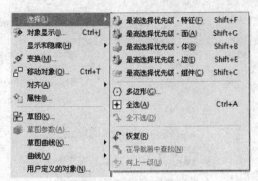

图 2-14 "选择"子菜单

图 2-15 快速拾取对话框

2.2.3 改变对象的显示方式

本小节将介绍对象的实体图形显示方式，首先进入建模模块中，执行【编辑】→【对象显示】或是按下组合键 Ctrl+J，调出如图 2-16 所示对话框，通过该对话框选项，可编辑所选择对象的图层、颜色、透明度或者着色状态等参数，完成后单击【确定】按钮即可完成编辑并退出对话框，按下【应用】则不用退出对话框，接着进行其他操作。

相关参数和命令功能说明如下：

（1）【类选择】：当用户不能从工作区的众多对象中准确选取实体或是需要快速选择一类对象时，可以通过该图标命令弹出如图 2-16（左则对话框）所示类选择对话框。其中可以通过"类型过滤器"按钮来定位选择对象，或是通过指定图"图层过滤器"按钮来选择，也可以通过"颜色过滤器"属性或"属性过滤器"属性来选择。也可以通过反向选择方式来选择等。

（2）在【编辑对象显示】对话框（图 2-16 右侧对话框），其相关命令说明如下：

1）【图层】：用于指定选择对象放置的层。系统规定的层为 1～256 层。

2）【颜色】：用于改变所选对象的颜色，可以调出如图 2-17 所示【颜色】对话框。

3）【线型】：用于修改所选对象的线型（不包括文本）。

4）【宽度】：用于修改所选对象的线宽。

5）【继承】：弹出对话框要求选择需要从哪个对象上继承设置，并应用到之后的所选对象上。

6）【重新高亮显示对象】：重新高亮显示所选对象。

2.2.4 隐藏对象

当工作区域内图形太多，以至于不便于操作时，需要将暂时不需要的对象隐藏，如模型中的草图、基准面、曲线、尺寸、坐标、平面等，执行【编辑】→【显示和隐藏】菜单下的子菜单提供了隐藏和取消隐藏功能命令，如图 2-18 所示。

其部分功能说明如下：

（1）【显示和隐藏】：单击该命令，弹出如图 2-19 所示的【显示和隐藏】对话框，可以选择要显示或隐藏的对象。

（2）【立即隐藏】：单击该命令，弹出如图 2-20 所示的【立即隐藏】对话框，可以选择要隐藏的对象，对象将被隐藏。

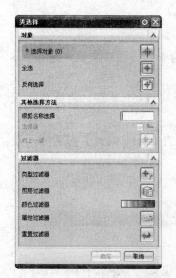  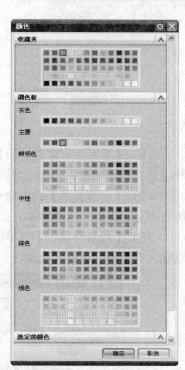

图 2-16　更改对象显示方式对话框　　　　　　　　　图 2-17　【颜色】对话框

（3）【隐藏】：该命令也可以通过按下组合键 Ctrl+B 实现，提供了类选择对话框，可以通过类型选择需要隐藏的对象或是直接选取。

（4）【反转显示和隐藏】：该命令用于反转当前所有对象的显示或隐藏状态，即显示的全部对象将会隐藏，而隐藏的将会全部显示。

（5）【显示】：该命令将所选的隐藏对象重新显示出来，单击该命令后将会弹出一类型选择对话框，此时工作区中将显示所有已经隐藏的对象，用户可以在其中选择需要重新显示的对象。

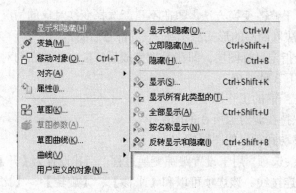 

图 2-18　【隐藏】子菜单　　　　　　　　　　　图 2-19　【显示和隐藏】对话框

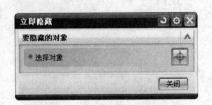

图 2-20 【立即隐藏】对话框

（6）【显示所有此类型的】：该命令将重新显示某类型的所有隐藏对象，并提供了 5 种过滤方式（如图 2-21 所示）来确定对象类别。

（7）【全部显示】：该命令也可以通过按下组合键 Shift+Ctrl+U 实现，将重新显示所有在可选层上的隐藏对象。

（8）【按名称显示】：单击该命令，弹出如图 2-22 所示的【Show Mode】对话框，可以输入要隐藏名称进行隐藏。

图 2-21 显示所有此类型的对话框

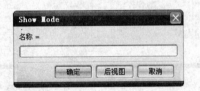

图 2-22 【Show Mode】对话框

2.2.5 对象变换

执行【编辑】→【变换】命令或是按下 Ctrl+T 组合键后，系统会弹出如图 2-23 对象【变换】对话框，可被变化的对象包括直线、曲线、面、实体等。该对话框在操作变化对象时经常用到。在执行【变换】命令的最后操作时，都会弹出如图 2-23 所示的对话框。

以下先对图 2-24 对象【变换】公共参数对话框中部分功能作一介绍，该对话框用于选择新的变换对象、改变变换方法、指定变换后对象的存放图层等功能。

（1）【重新选择对象】：用于重新选择对象，通过类选择器对话框来选择新的变换对象，而保持原变换方法不变。

（2）【变换类型 - 镜像平面】：用于修改变换方法。即在不重新选择变换对象的情况下，修改变换方法，当前选择的变换方法以简写的形式显示在 "-" 符号后面。

（3）【目标图层 - 原来的】：用于指定目标图层。即在变换完成后，指定新建立的对象所在的图层。单击该选项后，会有以下 3 种选项：

> 【工作】：变换后的对象放在当前的工作图层中。
> 【原始的】：变换后的对象保持在源对象所在的图层中。
> 【指定】：变换后的对象被移动到指定的图层中。

（4）【跟踪状态 - 关】：是一个开关选项，用于设置跟踪变换过程。当其设置为【开】时，则在源对象与变换后的对象之间画连接线。该选项可以和【平移】、【旋转】、【比例】、【镜像】、或【重定位】等变换方法一起使用，以建立一个封闭的形状。

需要注意的是，对于源对象类型为实体、片体、或边界对象变换操作时该选项不可用。

跟踪曲线独立于图层设置，总是建立在当前的工作图层中。

图 2-23　【变换】对话框

图 2-24　对象【变换】公共参数对话框

（5）【分割－1】：用于等分变换距离。即把变换距离（或角度）分割成几个相等的部分，实际变换距离（或角度）是其等分值。指定的值称为【等分因子】。

该选项可用于【平移】、【比例】、【旋转】等变换操作。例如【平移】变换，实际变换的距离是指原指定距离除以【等分因子】的商。

（6）【移动】：用于移动对象。即变换后，将源对象从其原来的位置移动到由变换参数所指定的新位置。如果所选取的对象和其他对象间有父子依存关系（即依赖于其他父对象而建立），则只有选取了全部的父对象一起进行变换后，才能用【移动】命令选项。

（7）【复制】：用于复制对象。即变换后，将源对象从其原来的位置复制到由变换参数所指定的新位置。对于依赖其他父对象而建立的对象，复制后的新对象中数据关联信息将会丢失（即它不再依赖于任何对象而独立存在）。

（8）【多个副本－不可用】：用于复制多个对象。按指定的变换参数和复制个数在新位置复制源对象的多个复制。相当于一次执行了多个【复制】命令操作。

（9）【撤销上一个－不可用】：用于撤销最近变换。即撤销最近一次的变换操作，但源对象依旧处于选中状态。

 提示

对象的几何变换只能用于变化几何对象，不能用于变换视图、布局、图纸等。另外，变化过程中可以使用【移动】或【复制】命令多次，但每使用一次都建立一个新对象，所建立的新对象都是以上一个操作的结果作为源对象，并以同样的变换参数变换后得到的。

下面再对图 2-23【变换】对话框中部分功能作一介绍：

（1）【比例】：用于将选取的对象，相对于指定参考点成比例的缩放尺寸。选取的对象在参考点处不移动。选中该选项后，在系统打开的点构造器选择一参考点后，系统会打开如图 2-25 所示选项，提供了两种选择：

【比例】：该文本框用于设置均匀缩放。

【非均匀比例】：选中该选项后，在打开的如图 2-26 所示的对话框中设置【XC-比例】、

【YC-比例】、【ZC-比例】方向上的缩放比例。

图 2-25 【变换】（比例设置）对话框   图 2-26 【变换】（非均匀比例设置）对话框

（2）【通过一直线镜像】：该选项用于将选取的对象，相对于指定的参考直线作镜像。即在参考线的相反侧建立源对象的一个镜像，如图 2-27 所示。

选中该选项后，系统会弹出如图 2-28 所示对话框，提供了 3 种选择：

➢ 【两点】：用于指定两点，两点的连线即为参考线。

➢ 【现有的直线】：选择一条已有的直线（或实体边缘线）作为参考线。

➢ 【点和矢量】：该选项用点构造器指定一点，其后在矢量构造器中指定一个矢量，通过指定点的矢量即作为参考直线。

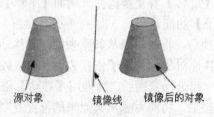 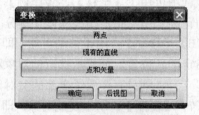

图 2-27 【通过直线镜像】示意图   图 2-28 通过直线镜像选项

（3）【矩形阵列】：该选项用于将选取的对象，从指定的阵列原点开始，沿坐标系 XC 和 YC 方向（或指定的方位）建立一个等间距的矩形阵列。系统先将源对象从指定的参考点移动或复制到目标点（阵列原点）然后沿 XC、YC 方向建立阵列。如图 2-29 所示。

选中该选项后，系统会弹出如图 2-30 所示对话框，以下就该对话框部分选项作一介绍：

➢ 【DXC】：该选项表示 X 方向间距。

➢ 【DYC】：该选项表示 Y 方向间距。

➢ 【阵列角度】：指定阵列角度。

➢ 【列】（X）：指定阵列行数。

➢ 【列】（Y）：指定阵列列数。

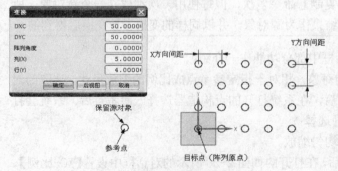 

图 2-29 【矩形阵列】示意图   图 2-30 【矩形阵列】对话框

（4）【圆形阵列】：该选项用于将选取的对象，从指定的阵列原点开始，绕目标点（阵列中心）建立一个等角间距的环形阵列。如图 2-31 所示。

选中该选项后，系统会弹出如图 2-32 所示对话框，以下就该对话框部分选项作一介绍：

> 　　【半径】：用于设置环形阵列的半径值，该值也等于目标对象上的参考点到目标点之间的距离。

> 　　【起始角】：定位环形阵列的起始角（于 XC 正向平行为零）。

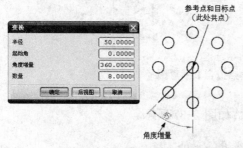

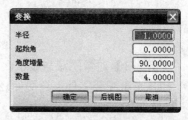

图 2-31　【环形阵列】示意图　　　　　　　　图 2-32　【圆形阵列】选项

（5）【通过一平面镜像】：该选项用于将选取的对象，相对于指定参考平面作镜像。即在参考平面的相反侧建立源对象的一个镜像。选中该选项后，系统会弹出如图 2-33 所示对话框，用于选择或创建一参考平面（该平面构造器用法将在"常用工具"一节中详述），之后选取源对象完成镜像操作。

（6）【点拟合】：该选项用于将选取的对象，从指定的参考点集缩放、重定位或修剪到目标点集上。选中该选项后，系统会弹出如图 2-34 所示对话框，其有两选项介绍如下：

图 2-33　【平面】对话框　　　　　　　　　图 2-34　点拟合选项

> 　　【3-点拟合】：允许用户通过 3 个参考点和 3 个目标点来缩放和重定位对象（如图 2-35 所示）。

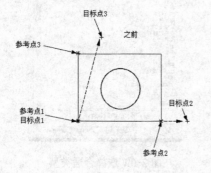
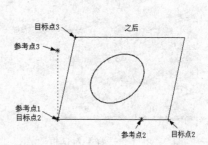

图 2-35　【3 点拟合】示意图

➤ 【4-点拟合】允许用户通过 4 个参考点和 4 个目标点来缩放和重定位对象（如图 2-36 所示）。

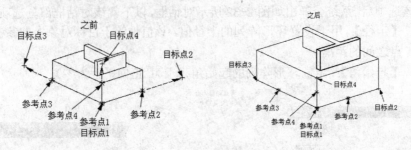

图 2-36 【4 点拟合】示意图

【例 2-1】对像隐藏与显示。

打开光盘配套零件：源文件\2\2-1.prt，如图 2-37 所示。

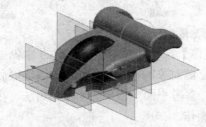

图 2-37 2-1.prt 范例文件

（1）执行【编辑】→【显示和隐藏】→【隐藏】命令，或按下组合键 Ctrl+B。弹出【类选择】对话框，在弹出的对话框中单击【类型过滤器】按钮 （如图 2-38 所示），弹出【根据类型选择】对话框，并选择【基准】选项（如图 2-39 所示），单击【确定】按钮返回对话框（如图 2-38 所示），再单击【全选】按钮 ，选中工作区的所有可见的基准对象，单击【确定】按钮退出即可，完成示意图如图 2-40 所示。

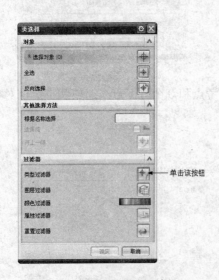

图 2-38 【类选择】对话框

图 2-39 选择合适类型

（2）执行【编辑】→【显示和隐藏】→【反转显示和隐藏】命令，或按下组合键

Shift+Ctrl+B。可以观看由步骤（1）中所隐藏的对象，如图 2-41 所示。

　　（3）执行【编辑】→【隐藏】→【全部显示】命令，或按下 Shift+Ctrl+U 组合键。可以显示所有隐藏对象。

图 2-40　完成步骤（1）后示意图

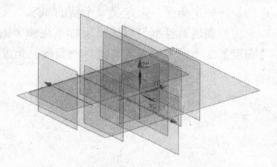

图 2-41　显示被隐藏的对象

2.3　坐标系操作

　　UG 系统中共包括 3 种坐标系统，分别是绝对坐标系 ACS(Absolute Coordinate System)、工作坐标系 WCS（Work Coordinate System）和机械坐标系 MCS（Machine Coordinate System），它们都是符合右手法则的。

　　ACS：是系统默认的坐标系，其原点位置永远不变，在用户新建文件时就产生了。

　　WCS：是 UG 系统提供给用户的坐标系，用户可以根据需要任意移动它的位置，也可以设置属于自己的 WCS 坐标系。

　　MCS：该坐标系一般用于模具设计、加工、配线等向导操作中。

　　UG 中关于坐标系统的操作功能如图 2-42 所示。

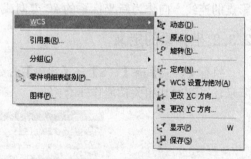

　　在一个 UG 文件中可以存在多个坐标系。但它们当中只可以有一个工作坐标系，UG 中还可以利用 WCS 下拉菜单中的【保存】命令来保存坐标系，从而记录下每次操作时的坐标系位置，以后再利用【原点】命令移动到相应的位置。

图 2-42　坐标系统操作子菜单

2.3.1　坐标系的变换

　　执行【格式】→【WCS】命令即弹出如图 2-42 所示子菜单命令，用于对坐标系进行变换以产生新的坐标。

　　（1）【动态】：该命令能通过步进的方式移动或旋转当前的 WCS，用户可以在绘图工作区中移动坐标系到指定位置，也可以设置步进参数使坐标系逐步移动到指定的距离参数，如图 2-43 所示。

（2）【原点】：该命令通过定义当前 WCS 的原点来移动坐标系的位置。但该命令仅仅移动坐标系的位置，而不会改变坐标轴的方向。

（3）【旋转】：该命令将会弹出如图 2-44 所示对话框，通过当前的 WCS 绕其某一坐标轴旋转一定角度，来定义一个新的 WCS。

用户通过对话框可以选择坐标系绕哪个轴旋转，同时指定从一个轴转向另一个轴，在【角度】文本框中输入需要旋转的角度。角度可以为负值。

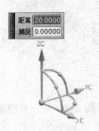

图 2-43　【动态移动】示意图　　　　图 2-44　【旋转 WCS 绕】对话框

 提示

可以直接双击坐标系使坐标系激活，处于动态移动状态，用鼠标拖动原点处的方块，可以在沿 X、Y、Z 方向任意移动，也可以绕任意坐标轴旋转。

（4）【改变坐标轴方向】：选择【格式】→【WCS】（工作坐标系）→【更改 XC 方向】选项或选择【格式】→【WCS】（工作坐标系）→【更改 YC 方向】选项，系统弹出【点构造器】对话框，在该对话框中选择点，系统以原坐标系的原点和该点在 XC-YC 平面上的投影点的连线方向作为新坐标系的 XC 方向或 YC 方向，而原坐标系的 ZC 轴方向不变。

2.3.2 坐标系的定义

执行【格式】→【WCS】→【定向】命令，该命令用于定义一个新的坐标系，如图 2-45 所示，以下对其相关功能作一介绍：

图 2-45　【CSYS】对话框

（1）【自动判断】：该方式通过选择的对象或输入 X、Y、Z 坐标轴方向的偏置值来定义一个坐标系。

（2）【原点、X 点、Y 点】：该方式利用点创建功能先后指定 3 个点来定义一个坐标系。这 3 点分别是原点、X 轴上的点和 Y 轴上的点，第一点为原点，第一和第二点的方向为 X 轴的正向，第一与第三点的方向为 Y 轴方向，再由 X 到 Y 按右手定则来定 Z 轴正向。

（3）【X 轴，Y 轴】：该方式利用矢量创建的功能选择或定义两个矢量创建坐标系.

（4）【X 轴、Y 轴、原点】：该方式先利用点创建功能指定一个点为原点，而后利用矢量创建功能创建两矢量坐标，从而定义坐标系。

（5）【Z 轴、X 轴、原点】和【Z 轴、X 点】：该方式先利用矢量创建功能选择或定义一个矢量，再利用点创建功能指定一个点，来定义一个坐标系。

（6）【Z 轴、Y 轴、原点】：该方式先利用矢量创建功能选择或定义一个矢量，再利用点创建功能指定一个点，来定义一个坐标系。

（7）【对象的 CSYS】：该方式由选择的平面曲线、平面或实体的坐标系来定义一个新的坐标系，XOY 平面为选择对象所在的平面。

（8）【点、垂直于曲线】：该方式利用所选曲线的切线和一个指定点的方法创建一个坐标系。曲线的切线方向即为 Z 轴矢量，X 轴方向为沿点到切线的垂线指向点的方向，Y 轴正向由自 Z 轴至 X 轴矢量按右手定则来确定，切点即为原点。

（9）【平面和矢量】：该方式通过先后选择一个平面和一矢量来定义一个坐标系。其中 X 轴为平面的法矢，Y 轴为指定矢量在平面上的投影，原点为指定矢量与平面的交点。

（10）【平面，X 轴，点】该方式通过先选定一个以 Z 轴为法向的平面，再指定 X 轴正方向和坐标原点创建坐标系。

（11）【三平面】：该方式通过先后选择 3 个平面来定义一个坐标系。3 个平面的交点为原点，第一个平面的法向为 X 轴，Y、Z 以此类推。

（12）【绝对 CSYS】：该方式在绝对坐标系（0，0，0）点处定义一个新的坐标系。

（13）【当前视图的 CSYS】：该方式用当前视图定义一个新的坐标系。XOY 平面为当前视图所在平面。

（14）【偏置 CSYS】：该方式通过输入 X、Y、Z 坐标轴方向相对于选择坐标系的偏距来定义一个新的坐标系。

提示

用户如果不太熟悉上述操作，可以直接选择“自动判断”模式，系统会依据当前情况作出创建坐标系的判断。

2.3.3 坐标系的保存、显示和隐藏

执行【格式】→【WCS】→【显示】命令后，系统会显示或隐藏按前的工作坐标按钮。

执行【格式】→【WCS】→【保存】命令后，系统会保存当前设置的工作坐标系，以便在以后的工作中调用。

【例 2-2】坐标系的变换以及保存

打开光盘配套零件：源文件\2\2-1.prt，如图 2-46 所示。

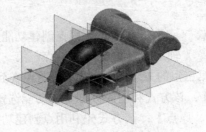

图 2-46　2-1.prt 范例文件

（1）执行【格式】→【WCS】→【保存】命令，保存当前坐标系，如图 2-47 所示。

（2）执行【格式】→【WCS】→【原点】命令，平移坐标系，利用点捕捉功能，捕捉一线段端点，作为新坐标系的原点，执行【格式】→【WCS】→【保存】命令，保存当前新的坐标系，如图 2-48 所示。

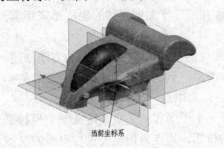

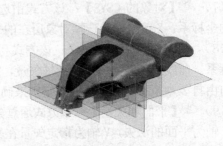

图 2-47　保存当前工作坐标系　　　　　图 2-48　平移坐标系并保存

（3）当再次平移坐标系到其他位置时，如图 2-49 所示，如果需要返回坐标系到原先保存过的坐标系，执行【格式】→【WCS】→【原点】命令，捕捉保存过的坐标系原点即可，如图 2-50 所示。

（4）当要将工作坐标系与绝对坐标系重合时，执行【格式】→【WCS】→【WCS 设置为绝对】命令，单击【确定】即可。

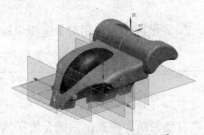

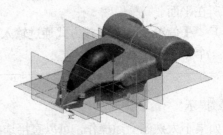

图 2-49　再次平移坐标系　　　　　图 2-50　恢复坐标系

2.4　视图与布局

2.4.1　视图

执行【视图】命令可得到如图 2-51 所示的【视图】子菜单，在 UG 建模模块中，沿着某个方向去观察模型，得到的一幅平行投影的平面图像成为视图。不同的视图用于显示在不同方位和观察方向上的图像。

　　视图的观察方向只和绝对坐标系有关，与工作坐标系无关。每一个视图都有一个名称，称为视图名，在工作区的左下角显示该名称。UG 系统默认定义好了的视图称为标准视图。

　　对视图变换的操作可以通过单击【视图】→【操作】命令调出操作子菜单（图 2-52a）或是通过在绘图工作区中单击鼠标右键弹出的快捷菜单中快速操作（图 2-52b）。

图 2-51 【视图】子菜单

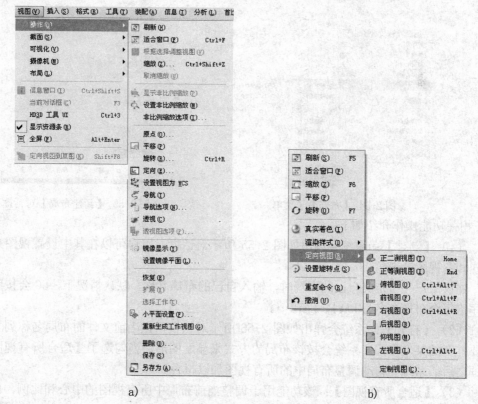

　　　　　　　　a)　　　　　　　　　　　　　　　　　　　b)

图 2-52 【视图】操作菜单

2.4.2 布局

　　在绘图工作区中，将多个视图按一定排列规则显示出来，就成为一个布局，每一个布局也有一个名称。UG 预先定义了 6 种布局，称为标准布局，各种布局如图 2-53 所示。

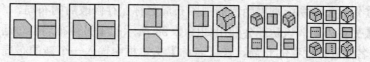

图 2-53 系统标准布局

　　同一布局中，只有一个视图是工作视图，其他视图都是非工作视图。各种操作都默认为针对工作视图的，用户可以随便改变工作视图。工作视图在其视图中都会显示"WORK"

字样。

　　布局的主要作用是在绘图工作区同时显示多个视角的视图，便于用户更好地观察和操作模型。用户可以定义系统默认的布局，也可以生成自定义的布局。

　　执行【视图】→【布局】→【新建】命令即可调出如图 2-54 所示子菜单，用于控制布局的状态和各种视图角度的显示。

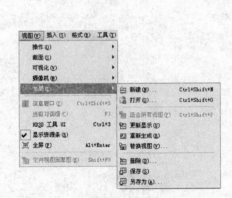

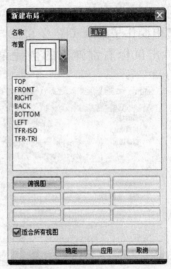

图 2-54 【布局】子菜单　　　　　　　图 2-55 【新建布局】对话框

相关功能操作介绍如下：

　　（1）【新建】：系统会调出如图 2-55 所示对话框，用户可以在其中设置视图布局的形式和各视图的视角。

　　建议用户在自定义自己的布局时，输入自己的布局名称。默认情况下，UG 会按照先后顺序给每个布局命名为 LAY1、LAY2…。

　　（2）【打开】：系统会弹出如图 2-56 所示对话框，在当前文件的布局名称列表中选择要打开的某个布局，系统会按该布局的方式来显示图形。当勾选了【适合所有视图】复选框之后，系统会自动调整布局中的所有视图加以拟合。

　　（3）【适合所有视图】：该功能用于调整当前布局中所有视图的中心和比例，使实体模型最大程度的拟合在每个视图边界内。

　　（4）【更新显示】：当对实体进行修改后，使用了该命令就会对所有视图的模型进行实时更新显示。

　　（5）【重新生成】：该功能用于重新生成布局中的每一个视图。

　　（6）【替换视图】：该功能会弹出如图 2-57 所示对话框用于替换布局中的某个视图。

　　（7）【保存】：系统则用当前的视图布局名称保存修改后的布局。

　　（8）【另存为】：该功能会弹出如图 2-58 所示的【另存布局】对话框，在列表框中选择要更换名称进行保存的布局，在【名称】文本框中输入一个新的布局名称，系统会用新的名称保存修改过的布局。

　　（9）【删除】：当存在用户删除的布局时，弹出如图 2-59 所示的【删除布局】对话框，该对话框用于从列表框中选择要删除的视图布局后，系统就会删除该视图布局。

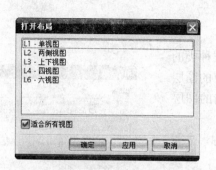

图 2-56　【打开布局】对话框

图 2-57　【要替换的视图】对话框

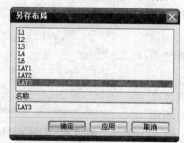

图 2-58　【另存布局】对话框

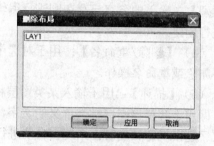

图 2-59　【删除布局】对话框

2.5　图层操作

所谓的图层，就是在空间中使用不同的层次来放置几何体。UG 中的图层功能类似于设计工程师在透明覆盖层上建立模型的方法，一个图层类似于一个透明的覆盖层。图层的最主要功能是在复杂建模的时候可以控制对象的显示、编辑、状态。

一个 UG 文件中最多可以有 256 个图层，每层上可以含任意数量的对象。因此一个图层可以含有部件上的所有对象，一个对象上的部件也可以分布在很多层上，但需要注意的是，只有一个图层是当前工作图层，所有的操作只能在工作图层上进行，其他图层可以通过可见性、可选择性等的设置进行辅助工作。执行【格式】菜单命令（如图 2-60 所示），可以调用有关图层的所有命令功能。

图 2-60　【格式】菜单命令

2.5.1　图层的分类

对相应图层进行分类管理，可以很方便地通过层类来实现对其中各层的操作，可以提高操作效率。例如可以设置 model、draft、sketch 等图层种类，model 包括 1～10 层，draft 包括 11～20 层，sketch 包括 21～30 层等。用户可以根据自身需要来制定图层的类别。

执行【格式】→【图层类别】命令，调用如图 2-61 所示【图层类别】对话框，可以对图层进行分类设置。

以下就其中部分选项功能作一介绍：

（1）【过滤器】：用于输入已存在的图层种类的名称来进行筛选，当输入【*】时则会显示所有的图层种类。用户可以直接在列表框中选取需要编辑的图层种类。

（2）【类别】：用于输入图层种类的名称，来新建图层或是对已存在图层种类进行编辑。

（3）【创建/编辑】：用于创建和编辑图层，若【类别】中输入的名字已存在则进行编辑，若不存在则进行创建。

（4）【删除/重命名】：用于对选中的图层种类进行删除或重命名操作。

（5）【描述】：用于输入某类图层相应的描述文字，即用于解释该图层种类含义的文字，当输入的描述文字超出规定长度时，系统会自动进行长度匹配。

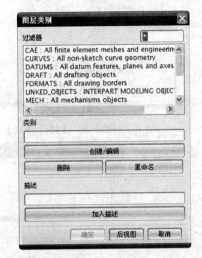

图 2-61 【图层类别】对话框

（6）【加入描述】：新建图层类时，若在"描述"下面的文本框中输入该图层类的描述信息。

 提示
强烈建议企业级用户建立自己的图层标准。

2.5.2 图层的设置

用户可以在任何一个或一群图层中设置该图层是否显示和是否变换工作图层等。执行【格式】→【图层设置】命令调出如图 2-62 所示对话框，利用该对话框可以对组件中所有图层或任意一个图层进行工作层、可选取性、可见性等设置，并且可以查询层的信息，同时也可以对层所属种类进行编辑。

以下对相关功能用法作一介绍：

（1）【工作图层】：用于输入需要设置为当前工作层的图层号。当输入图层号后，系统会自动将其设置为工作图层。

（2）【按范围/类别选择图层】：用于输入范围或图层种类的名称以便进行筛选操作。

（3）【类别过滤器】：在文本框中输入了"*"，表示接受所有图层种类。

图 2-62 【图层设置】对话框

（4）【名称】：图层信息对话框能够显示此零件文件所有图层和所属种类的相关信息。如图层编号、状态、图层种类等。显示图层的状态、所属图层的种类、对象数目等。可以利用 Ctrl+Shift 组合键进行多项选择。此外，在列表框中双击需要更改状态的图层，系统会自动切换其显示状态。

（5）【仅可见】：用于将指定的图层设置为仅可见状态。当图层处于仅可见状态时，该图层的所有对象仅可见但不能被选取和编辑。

（6）【对象数】：在工作空间同意图层模型的个数。

（7）【显示】：用于控制在图层状态列表框中图层的显示情况。该下拉列表中含有【所有图层】、【含有对象的图层】、【所有可选图层】和【所有可见图层】4 个选项。

（8）【显示前全部适合】：用于在更新显示前吻合所有的视图，使对象充满显示区域，或在工作区域利用 Ctrl+F 键实现该功能。

2.5.3 图层的其他操作

1. 图层的可见性设置

执行【格式】→【视图中可见图层】命令将调出如图 2-63 所示对话框。在图 2-63a 弹出的对话框中选择要操作的视图，之后在弹出的对话框中（图 2-63b）列表框中选择可见性图层，然后设置可见/不可见选项。

2. 图层中对象的移动

执行【格式】→【移动至图层】命令将调出如图 2-64 所示对话框。

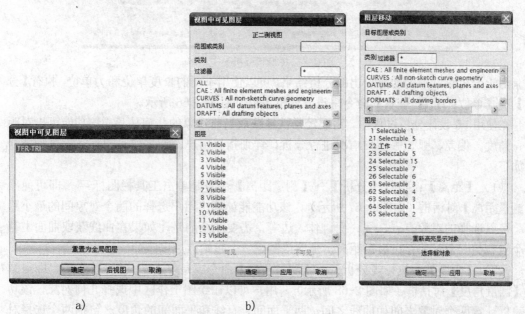

<table>
<tr><td>a)</td><td>b)</td><td></td></tr>
<tr><td colspan="2">图 2-63 【视图中的可见图层】选择对话框</td><td>图 2-64 【图层移动】对话框</td></tr>
</table>

在此操作过程中用户需先选择要移动的对象，然后进入对话框在【目标图层或类别】中输入层组名称或图层号，或在【图层】列表中直接选中目标层，系统就会将所选对象放置在目的层中。

3. 图层中对象的复制

执行【格式】→【移动至图层】命令，弹出【类选择】对话框，选择需要移动的图形，单击【确定】按钮，将调出类似于如图2-64所示对话框，操作过程基本相同，在此不再详述了。

2.6　对象分析

UG中除了查询基本的物体信息之外，还提供了大量的分析工具，信息查询工具获取的是部件中已有的数据，而分析则是根据用户的要求，针对被分析几何对象通过临时的运算来获得所需的结果。

通过使用这些分析工具可以及时发现和处理设计工作中的问题，这些工具除了常规的几何参数分析之外，还可以对曲线和曲面作光顺性分析、对几何对象作误差和拓扑分析、几何特性分析、计算装配的质量、计算质量特性、对装配作干涉分析等，还可以将结果输成各种数据格式。

对象与模型分析的所有命令均在【分析】菜单中，部分功能有工具图标（如图2-65所示），以下介绍UG分析菜单中的部分常用功能。

图2-65　【形状分析】工具栏

对于分析菜单中的功能给出的分析结果，可以使用不同的长度单位和力单位。执行【分析】→【单位：千克-毫米】命令来设置分析单位，如图2-66所示。

在使用UG设计分析过程中，需要经常性地获取当前对象的几何信息。该功能可以对距离、角度、偏差、弧长等多种情况进行分析，详细指导用户设计工作，现将其部分功能介绍如下：

（1）【距离】：执行【分析】→【测量距离】命令是单击工具栏图标▤，即可弹出【测量距离】对话框（如图2-67所示），该功能能计算出用户选择的两个对象间的最小距离。可以选择的对象有点、线、面、体、边等，需要注意的是，如果在曲线获取曲面上有多个点与另一个对象存在最短距离，那应该制定一个起始点加以区分。

（2）【角度】：执行【分析】→【测量角度】命令或是单击工具栏图标◿，即可弹出【测量角度】对话框（如图2-68所示），用户可以在绘图工作区中选择几何对象，该功能可以计算两个对象之间如曲线之间、两平面间、直线和平面间的角度。包括两个选择对象的相应矢量在工作平面上的投影矢量间的夹角和在三维空间中两个矢量的实际角度。

当两个选择对象均为曲线时，若两者相交，则系统会确定两者的交点并计算在交点处两曲线的切向矢量的夹角；否则，系统会确定两者相距最近的点，并计算这两点在各自所处曲线上的切向矢量间的夹角。切向矢量的方向取决于曲线的选择点与两曲线相距最近点的相对方位，其方向为由曲线相距最近点指向选择点的一方。

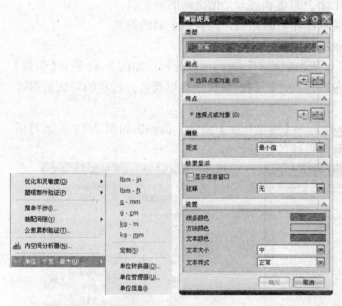

图 2-66 单位设置子菜单　　　图 2-67 【测量距离】对话框　　　图 2-68 【测量角度】对话框

当选择对象均为平面时，计算结果是两平面的法向矢量间的最小夹角。

（3）【偏差】：执行【分析】→【偏差】命令即可显示如图 2-69 所示子菜单。执行【分析】→【偏差】→【检查】，弹出如图 2-70 所示的对话框。通过该对话框功能可以根据过某点斜率连续的原则，即将第一条曲线、边缘或表面上的检查点与第二条曲线上的对应点进行比较，检查选择对象是否相接、相切以及边界是否对齐等，并得到所选对象的距离偏移值和角度偏移值。

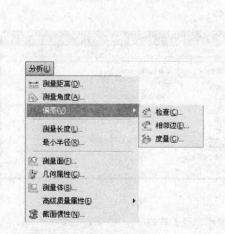

图 2-69 【偏差】子菜单　　　　　　　　　图 2-70 【偏差检查】对话框

> ➢ 【曲线到曲线】：用于测量两条曲线之间的距离偏差以及曲线上一系列检查点的切向角度偏差。
> ➢ 【曲线到面】：系统依据过点斜率的连续性，检查曲线是否真位于表面上。
> ➢ 【边到面】：用于检查一个面上的边和另一个面之间的偏差。
> ➢ 【面到面】：系统依据过某点法相对齐原则，检查两个面的偏差。
> ➢ 【边到边】：用于检查两条实体边或片体边的偏差。

当选择两个检查对象之后，再经过适当参数的设置即可以分析出如图 2-71 所示【信息】窗口，其中包括分析点的个数、对象间的最小距离、最大距离以及各分析点的对应数据等信息。

（4）【测量长度】：执行【分析】→【测量长度】命令，会弹出如图 2-72 所示对话框，让用户选择曲线。该命令可以计算曲线的长度。

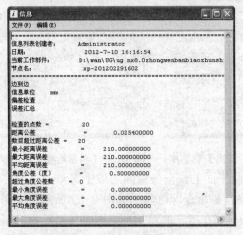

图 2-71　偏差检查【信息】窗口　　　　　　　图 2-72　【测量长度】对话框

（5）【最小半径】：执行【分析】→【最小半径】命令会弹出如图 2-73a 所示对话框，让用户选择表面或曲面对象。该命令可以计算实体表面或片体的最小曲率半径并确定何处曲率半径最小。

如果勾选了【在最小半径处创建点】复选框则会在表面的最小曲率半径处产生一个标记，相关信息会列在信息窗口中（图 2-73b 所示）。

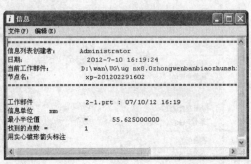

a)　　　　　　　　　　　　　　　　　　b)

图 2-73　分析【最小半径】窗口

（6）【几何属性】：执行【分析】→【几何属性】命令，选取指定的表面或曲面对象后，可以计算和在信息框中显示出 U 、V 向百分比和 U 、V 向一阶导数、单位面法向和主曲率的最大最小半径值等信息。

（7）【测量面】：用于分析计算和显示所选择面的面积和周长信息。

（8）【测量体】：用于分析计算和显示所选择实体的质量属性外还包括一阶矩、质心点、惯性矩和回转半径等工程关系信息（如图 2-74 所示）。

图 2-74 分析【测量体】窗口

2.7　常用工具

本小节将介绍 UG 系统中常用的一些工具，这些工具在 UG 的许多操作中都要用到，需要熟练掌握。

2.7.1　点构造器

如图 2-75 所示即为【点】对话框。

下面介绍基准点的创建方法：

（1）【自动判断的点】：根据鼠标所指的位置指定各种点之中离光标最近的点。

（2）【光标位置】：直接在鼠标左键单击的位置上建立点。

（3）【现有点】：根据已经存在的点，在该点位置上再创建一个点。

（4）【端点】：根据鼠标选择位置，在靠近鼠标选择位置的端点处建立点。如果选择的特征为完整的圆，那么端点为零象限点

（5）【控制点】：在曲线的控制点上构造一个点或规定新点的位置。控制点与曲线的类型有关，可以是直线的中点或端点、二次曲线的端点或是样条曲线的定义点或是控制点等。

（6）【交点】：在两段曲线的交点上、曲线和平面或曲面的交点上创建一个点或规定

图 2-75 【点】对话框

新点的位置。

（7）⊙【圆弧中心/椭圆中心/球心】：在所选圆弧、椭圆或者是球的中心建立点。

（8）△【圆弧/椭圆上的角度】：在与 X 轴正向成一定角度（沿逆时针方向）的圆弧/椭圆弧上创建一个点或规定新点的位置。

（9）○【象限点】：即圆弧的四分点，在圆弧或椭圆弧的四分点处创建一个点或规定新点的位置。

（10）／【点在曲线/边上】：在选择的特征上建立点。

（11）◆【点在面上】在面上建立点。

（12）／【两点之间】：在两点之间建立点。

2.7.2 矢量构造器

在 UG 建模过程中经常需要定义方向，此时会出现如图 2-76 所示【矢量】对话框。

下面介绍矢量的创建类型：

（1）▷【自动判断的矢量】：用于系统依据选择的对象自动定义矢量。

（2）／【两点】：用于在两点之间创建矢量。

（3）△【与 XC 成一角度】：此选项用于创建在 XC-YC 平面上定义与 XC 轴有一定夹角的矢量。

（4）⊿【曲线/轴矢量】：此选项通过选择边缘/曲线来定义一个矢量。当选择直线时，定义的矢量由选

图 2-76 【矢量】对话框

择点指向与其距离最近点的端点。当选择圆或圆弧时，定义的矢量为圆或圆弧所在平面的法向；当选择平面样条或是二次曲线时，定义的矢量为离选择点较远的点指向离选择点较近的点。

（5）⎸【曲线上矢量】：选择一条曲线，可以通过对话框中的【位置】和【圆弧长度】来定义矢量的起始位置。

（6）⚓【面/平面法向】：用于定义与平面法线或圆柱面轴线平行的矢量。

（7）ᵡᶜ【XC 轴】：用于定义与 XC 轴平行的矢量。

（8）ʸᶜ【YC 轴】：用于定义与 YC 轴平行的矢量。

（9）ᶻᶜ【ZC 轴】：用于定义与 ZC 轴平行的矢量。

（10）ᵡᶜ【 XC 轴】：用于定义与-XC 轴平行的矢量。

（11）ʸᶜ【 YC 轴】：用于定义与-YC 轴平行的矢量。

（12）ᶻᶜ【 ZC 轴】：用于定义与-ZC 轴平行的矢量。

2.7.3 类选择器

在 UG 的建模过程中，经常需要选择对象，例如选择【编辑】→【对象显示】命令后弹出如图 2-77 所示【类选择】对话框，以下简要介绍其用法：

用户在选择对象时，可以在【根据名称选择】文本框中输入对象名称，也可以依据类型来直接在工作区选取对象。在选取对象时系统提供了 5 种过滤方式：

（1）【类型过滤器】：该选项会弹出如图 2-78 所示对话框，通过在其中选择限定的选择类型从而在工作绘图区快速选取对象。

图 2-77　【类选择】对话框

图 2-78　【根据类型选择】对话框

（2）【图层过滤器】：此选项会弹出如图 2-79 所示对话框，通过指定图层来限定选择的对象。

（3）【颜色过滤器】：此选项会弹出如图 2-80 所示对话框，通过对象颜色的分类设置来限定选择的对象。

（4）【属性过滤器】：此选项会弹出如图 2-81 所示对话框，通过对象其他属性的设置来限定选择的对象。此外，还可以通过对话框下部的【用户定义属性】进行属性的自定义设置。

（5）【重置过滤器】：此选项会弹出如图 2-81 所示对话框，通过对象其他属性的设置重置选择的对象。

图 2-79　【根据图层选择】对话框

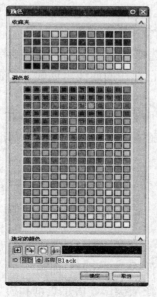

图 2-80　【颜色】对话框

图 2-81　【按属性选择】对话框

提示

在过滤方式选择对话框中，有很多可选项目。在选择时，可以利用 Ctrl+Shift 组合键来进行多项选择。如对于一些连续的项目，可以先选择第一项然后按住 Shift 键单击最后一项进行选择，对于不连续的项目，可以在按住 Ctrl 键的同时选择多个项目。

2.7.4 平面工具

图 2-82 【平面】对话框

在 UG NX 8.0 的使用过程中，会遇到需要定义基准平面、参考平面或切割平面的情况，此时系统会提供如图 2-82 所示的【基准平面】对话框，在该对话框中可以建立平面，

1. 【自动判断】：系统根据所选对象创建基准平面。

2. 【按某一距离】：通过和已存在的参考平面或基准面进行偏置得到新的基准平面。

3. 【成一角度】：通过与一个平面或基准面成指定角度来创建基本平面。

4. 【二等分】：在两个相互平行的平面或基准平面的对称中心处创建基准平面。

5. 【曲线和点】：通过选择曲线和点来创建基准平面。

6. 【两直线】：通过选择两条直线，若两条直线在同一平面内，则以这两条直线所在平面为基准平面；若两条直线不在同一平面内，那么基准平面通过一条直线且和另一条直线平行。

7. 【相切】：通过和一曲面相切且通过该曲面上点或线或平面来创建基准平面。

8. 【通过对象】：以对象平面为基准平面。

9. 【点和方向】：通过选择一个参考点和一个参考矢量来创建基准平面。

10. 【曲线上】：通过已存在的曲线，创建在该曲线某点处和该曲线垂直的基准平面。

系统还提供了 YC-ZC 平面、 XC-ZC 平面、 XC-YC 平面和 系数 4 种方法。也就是说可选择 YC-ZC 平面、XC-ZC 平面、XC-YC 平面为基准平面，或单击 按钮，自定义基准平面。

2.8 综合实例

打开光盘配套零件：源文件\2\2-2.prt，如图 2-83 所示，在本实例中综合运用了关于对象操作、视图与布局操作、图层操作、信息查询和模型分析操作。

图 2-83 Sample_03.prt 范例文件

2.8.1　对象操作

以下主要完成对象的选择、对象的显示方式和隐藏操作：

（1）在工作区右击鼠标，并按住一段时间，系统会弹出如图 2-84 所示显示模式界面，按住右键不放，将鼠标移动到【静态线框】图标 ⊗ 处，即可进入线框显示模式（如图 2-85 所示）；也可以直接在工具栏中选择【静态线框】⊗ 模式。

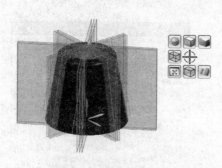

图 2-84　显示模式的浮动图标

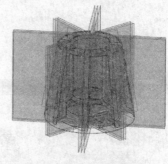

图 2-85　静态线框显示模式

（2）对象显示方式：按下 Ctrl+J 组合键，也可以通过执行【编辑】→【对象显示】命令，系统会弹出【类选择】对话框，如图 2-86 所示。单击【类型过滤器】按钮，在弹出的如图 2-87 所示对话框中选择【实体】类型，单击【确定】返回【类选择】对话框，单击【全选】按钮，再次单击【确定】完成实体对象的选取。

（3）弹出如图 2-88 所示【编辑对象显示】对话框，用于设置对象显示参数。单击【颜色】选项，系统会弹出如图 2-89 所示【颜色】对话框，选取其中的紫色（其颜色标记为 12），并设置其【V】向为 5，单击【确定】按钮。其线框模式如图 2-90 所示。

（4）对象隐藏：隐藏所有的不需要显示的曲线和辅助面。按下 Ctrl+B 组合键，弹出【类选择】对话框，单击【类型过滤器】图标 ⊞，在图 2-87 所示对话框中选择【曲线】，按住 Ctrl 键选择【基准】，单击【全选】图标 ⊞，单击确定，其着色显示结果如图 2-91 所示。也可以按下 Ctrl+Shift+B 组合键，来查看被隐藏的对象，本例中如图 2-92 所示，再次按下 Ctrl+Shift+B 组合键可以返回原来的界面。需要的话，按下 Ctrl+Shift+U 组合键即可以显示所有的对象。

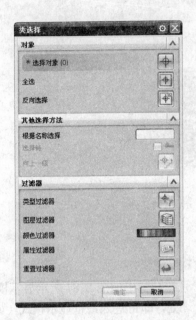

图 2-86 【类选择】对话框

图 2-87 【根据类型选择】对话框

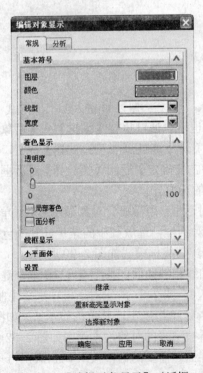

图 2-88 【编辑对象显示】对话框

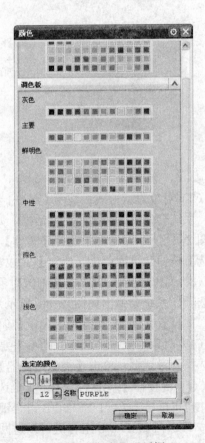

图 2-89 【颜色】对话框

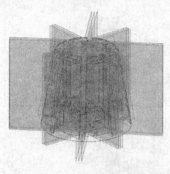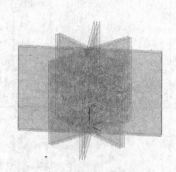

图 2-90 设置完成后示意图　　　图 2-91 隐藏对象后示意图　　　图 2-92 被隐藏的对象

2.8.2 视图与布局

继上面操作之后，以下主要进行不同视图间的切换、恢复和布局的设置：

（1）按住右键不放，将鼠标移动到【静态线框】图标⊕处，即可进入线框显示模式。

（2）布局的设置：执行【视图】→【布局】→【新建】命令，系统会弹出【新建布局】对话框，在其中选择 4 视图布局方式，如图 2-93 所示。以下调整 4 个视图的视图显示方式。

（3）单击对话框下部激活的按钮中的一个，然后在列表框中选择需要显示的视图模式（如图 2-94 所示），依次调整 4 个视图的显示模式，完成后如图 2-95 所示。单击【确定】按钮完成设置，工作区显示的布局如图 2-96 所示。

图 2-93 【新建布局】对话框　　　　图 2-94 调整视图

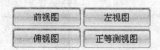

图 2-95 调整后的视图布局

（4）同上操作，新建一个布局，使之仅包含一个俯视视图，完成后如图 2-97 所示。

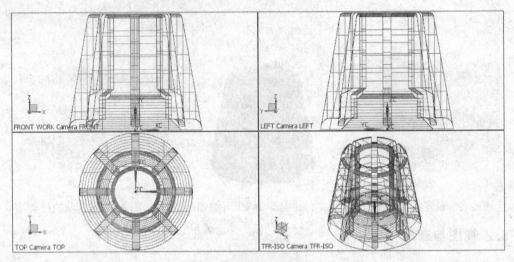

图 2-96 完成后的视图布局

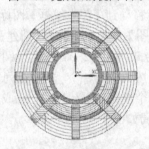

图 2-97 创建一个视图的布局

2.8.3 模型分析

以下主要进行模型的分析操作，包括：体积测量、面积测量和单位转换。

（1）单击【正二测视图】图标 ，将当前视图显示模式切换为轴测图。

（2）单击【着色】图标 ，对图形进行着色。

（3）体积测量：执行【分析】→【测量体】命令，系统会弹出【测量体】对话框，选择绘图工作区的实体对象即可获得测量值 19.9844in^3，如图 2-98 所示。勾选【显示信息窗口】复选框，显示相关测量信息，如图 2-99 所示。其中包括了以 in 和 mm 为基本单位的面积、体积、质量等测量值。还有一阶矩、惯性矩（工作）、惯性矩（质心）、惯性矩（球坐标）、惯性积等。

图 2-98 体积测量值

图 2-99 测量信息窗口

（4）面积测量：执行【分析】→【测量面】命令，选取需要查询的面积的表面，获得测量值如图 2-100 所示。勾选【显示信息窗口】复选框，显示相关测量信息，如图 2-101 所示。其中包括了面积和周长信息。

（5）单位转换：对于上述的面积测量，由于模型对象采用的是英制单位，如果需要将其转换成公制，执行【分析】→【单位】→【单位转换器】命令，在系统弹出的对话框中的【数量】 下拉列表中选取"面积"，并将面积值 38.6193 输入英制文本框，在其下的文本窗口中即可获得 24915.62 mm^2（如图 2-102 所示）。同理，还可以获得周长的转化值。

图 2-100 面积测量对象

图 2-101 测量信息显示窗口

图 2-102 单位转换示意图

 实验 1   在 UG 中定制自己的环境风格。

 操作提示：

（1）通过 UG 的【预设置】菜单命令，其中可以设置不同模块的工作环境；

（2）在 UGNX8.0 中还可以通过【文件】→【实用工具】→【用户默认设置】命令，在其中的命令面板中可以进行基本环境设置以及各模块的环境设置。

实验 2   打开随书光盘：源文件\2\exercise\ book_02_01. prt，如图 2-103 所示。分析该曲面的斜率分布。

操作提示：

通过 UG 中的【分析】菜单，可以对几何对象进行距离分析、角度分析、偏差分析、质量属性分析、强度分析等。

图 2-103 实验 2

这些菜单命令工具除了常规的几何参数分析之外，还可以对曲线和曲面作光顺性分析，对几何对象作误差和拓扑分析、几何特性分析、计算装配的质量、计算质量特性、对装配作干涉分析等，还可以将结果输成各种数据格式。

1．UGNX8.0 提供的模块可以用来完成哪些工作？怎样快速掌握所需功能？

2．当程序中打开的文件窗口数量过多，如何有选择关闭部分窗口？

3．怎样定制自己的视图布局，有效地利用快捷菜单中提供的命令快速切换视图？

4．如何有效地利用图层功能，并制定相应的图层管理规则，从而有效地组织和管理各种对象？

第3章 UG NX8.0 曲线功能

☞ 本章导读

本章主要介绍曲线的建立、操作以及编辑的方法。UG 中重新改进了曲线的各种操作风格，以前版本中一些复杂难用的操作方式被抛弃了，采用了新的方法，在本章中将会详述。

✍ 内容要点

♣ 基本曲线　　♣ 复杂曲线　　♣ 曲线操作　　♣ 曲线编辑

3.1 基本曲线

在所有的三维建模中，曲线是构建模型的基础。只有曲线构造的质量良好才能保证以后的面或实体质量好。曲线功能主要包括曲线的生成、编辑和操作方法。单击【插入】→【曲线】→【基本曲线】将会调出如图 3-1 所示【基本曲线】对话框，以下对基本曲线作详细介绍。

3.1.1 点及点集

在 UG 的许多命令中都需要利用点构造器来定义点的位置，执行【插入】→【基准/点】→【点】将会弹出【点】对话框。其中各选项的相关用法在先前章节中的常用工具中已提到过，此处不再详述。

执行【插入】→【基准/点】→【点集】命令将会调出如图 3-2 所示对话框。在其中设置了 3 种点集的类型，现将其常用选项功能介绍如下：

（1）【曲线点】：该选项主要用于在曲线上创建点集。选择该类型对话框如图 3-3 所示，曲线点产生方法共有 7 种。其各选项详述如下：

➢ 【等弧长】：该方式是在点集的开始点和结束点之间按点之间等弧长来创建指定数目的点集。首先选取要创建点集的曲线，再确定点集的数目，最后输入起始点和结束点在曲线上的百分比位置，如图 3-4 所示。

➢ 【等参数】：以等参数方式创建点集时，系统会以曲线的曲率大小来分布点集的位置，曲率越大，产生的点距离也就越大，反之越小，如图 3-5 所示。

➢ 【几何级数】：在几何级数这种方式下，在设置完其他参数后还要设置一个【比率】值，用来确定点集中彼此相邻的后两点之间的距离与前两点间距的倍数，如图 3-6 所示。

➢ 【弦公差】：在弦长误差这种方式下，对话框中只有一个【弦公差】文本框。用户需要给出弦长误差的大小，在创建点集时系统会以该弦长误差值来分布点集的位置，弦长误差越小，产生的点数就越多；反之越少，如图 3-7 所示。

图 3-1 【基本曲线】对话框

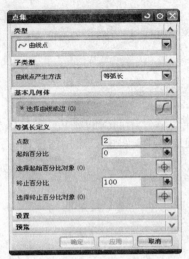

图 3-2 【点集】对话框

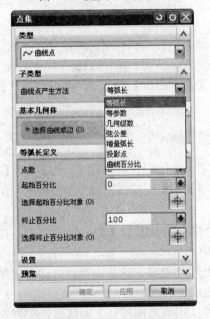

图 3-3 曲线点产生方法

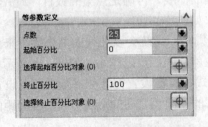

图 3-4 【等圆弧长】方式示意图

图 3-5 【等参数】方式示意图

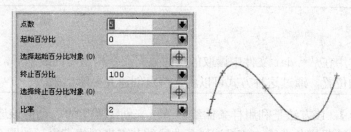

图 3-6 【几何级数】方式示意图

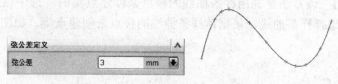

图 3-7 【弦公差】方式示意图

- ➤ 【增量弧长】：在递增弧长这种方式下，对话框中只有一个【弧长】文本框。用户需要根据给出弧长的大小，在创建点集时系统会以该弧长大小的值来分布点集的位置，而点数的多少则取决于曲线总长及两点间的弧长，按照顺时针方向生成个点，如图 3-8 所示。

图 3-8 【增量弧长】方式示意图

- ➤ 【投影点】：用于通过指定点来确定点集。
- ➤ 【曲线百分比】用于通过曲线上的百分比位置来确定一个点。

（2）【样条点】：根据样条曲线来定义点集，如图 3-9 所示。样条点类型共有 3 种：

- ➤ 【定义点】：该方法是通过绘制样条曲线的定义点来创建点集。选中该选项后系统会提示用户选择样条曲线，依据该样条曲线的定义点来创建点集，如图 3-10 所示。

图 3-9 样条点类型

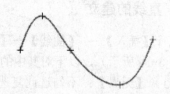

图 3-10 【定义点】方式示意图

提示

这种方法常用在从*.dat 文件中读取的点的数据命令构造的曲线之后，UG 并不显示所导入的数据点的位置，通过这种方式可以将这些点创建并显示出来。

> 【结点】：该方法是利用样条曲线的节点来创建点集的。选中该选项后系统会提示用户选择样条曲线，依据该样条曲线的节点来创建点集，如图 3-11 所示。
> 【极点】：该方法是利用样条曲线的极点来创建点集的。选中该选项后系统会提示用户选择样条曲线，依据该样条曲线的极点来创建点集，如图 3-12 所示。

图 3-11 利用【结点】创建点集　　　　　图 3-12 利用【极点】创建点集

（3）【面的点】：该方式主要用于产生曲面上的点集。弹出如图 3-13 所示对话框。面的点按照 3 种方式创建。

图 3-13 【面的点】对话框

3.1.2 直线的建立

执行【插入】→【曲线】→【基本曲线】命令，选中其中的图标即创建直线图标（如图 3-14 所示），以下对其中的各选项作一简单说明：

（1）【无界】：不勾选此复选框时，不论生成方式如何，所生成的任何直线都会被限制在视图的范围内。当勾选【线串模式】复选框时，该选项不能激活。

（2）【增量】：用于以增量的方式生成直线，即在选定一点后，分别在绘图区下方跟踪栏的 XC、YC、ZC 文本框中（如图 3-15）输入坐标值作为后一点相对于前一点的增量。

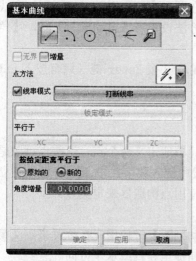

　　图 3-14　【基本曲线】对话框　　　　　图 3-15　【跟踪栏】对话条

　　（3）【点方法】：该选项菜单能够相对于已有的几何体，通过指定光标位置或使用点构造器来指定点。该菜单上的选项（除了【自动推断的点】和【选择面】以外）与点构造器中选项的作用相似。

　　（4）【线串模式】：能够生成未打断的曲线串。勾选此复选框，一个对象的终点变成了下一个对象的起点。若要中断线串模式并在生成下一个对象时再启动，可选择【打断线串】。

　　（5）【打断线串】：在选择该选项的地方打断曲线串，但"线串模式"仍保持激活状态（即，如果继续生成直线或弧，它们将位于另一个未打断的线串中）。

　　（6）【锁定模式】：当生成平行于、垂直于已有直线或与已有直线成一定角度的直线时，如果选择【锁定模式】，则当前在图形窗口中以橡皮线显示的直线生成模式将被锁定。当下一步操作通常会导致直线生成模式发生改变，而又想避免这种改变时，可以使用该选项。

　　当选择【锁定模式】后，该按钮会变为【解锁模式】。可选择【解锁模式】来解除对正在生成的直线的锁定，使其能切换到另外的模式中。

　　（7）【平行于 XC、YC、ZC】：这些按钮用于生成平行于 XC、YC 或 ZC 轴的直线。指定一个点，选择所需轴的按钮，并指定直线的终点。

 提示

　　在生成平行于 ZC 轴的直线后立即执行的任何编辑操作都是在工作平面（即工作坐标系的 XC-YC 平面）中进行的。例如，如果生成了一条平行于 ZC 的 5.0 in 的直线，然后使用对话条将该直线的长度更改为 6.0 in，结果将会是一条平行于 XC 的 6.0 in 直线。如果想要编辑直线，但同时又想要该直线平行于 ZC 轴，则必须使用"编辑曲线"选项。

　　（8）【原始的】：选中该按钮后，新创建的平行线的距离由原先选择线算起。

（9）【新的】：选中该按钮后，新创建的平行线的距离由新选择线算起。

（10）【角度增量】：如果指定了第一点，然后在图形窗口中拖动光标，则该直线就会捕捉至该字段中指定的每个增量度数处。只有当点方法设置为【自动推断】时，【角度增量】才有效。

要更改【角度增量】，可在该字段中输入一个新值，并按 Enter 键（只有按下 Enter 键之后，新值才会生效）。

以下简介几种常用的直线创建方法：

1. 在两点之间的直线

如图 3-16 所示，若要生成两点之间的直线，只需简单地定义两个点。这些点可以是光标位置、控制点或通过在对话条的 XC、YC 和 ZC 字段中键入数字并按 Enter 键而建立的值。还可以从"点方式"选项菜单中选择点构造器，使用点构造器来定义点。

2. 通过一个点并且保持水平或竖直的直线

如图 3-17 所示，如果当"点方式"设置为【自动判断】时使用光标位置来定义第二点，而且该点又位于"捕捉角"之内，那么该直线会捕捉至竖直或水平方向。

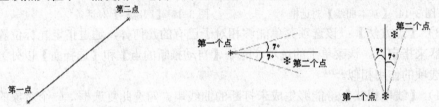

图 3-16 由两点间创建直线　　　　　　　　　图 3-17 由一点创建水平或竖直直线

3. 过点并与已有直线平行、垂直或成一角度的直线

如图 3-18 所示，若要定义通过点并与已有直线平行、垂直或成一角度的直线，需要：

（1）定义新直线的起始点。

（2）选择已有（参考）直线，注意不要选择其控制点。

4. 通过点并与一条曲线相切或垂直的直线

如图 3-19 所示，若要定义一条通过点并与一条曲线相切或垂直的直线，需要：

（1）定义新直线的起始点。

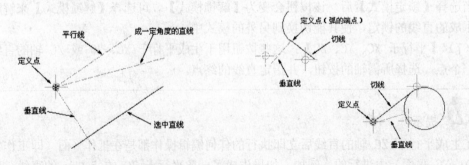

图 3-18 由点和已有直线创建直线　　　　　　图 3-19 由点和曲线创建直线

（2）选择已有曲线，注意不要选择其控制点。

如果要生成切线，可以先选择曲线，然后定义点。如果要生成垂线，必须首先定义点。切线在选中曲线所在平面中生成，或者，如果曲线不共面，则在工作坐标系平面中生成。

直线如同橡皮筋那样相切和（如果首先定义了点）垂直于选中曲线。有时，可能发现橡皮筋直线位于曲线的错误一侧。可将光标向曲线的内部移动，然后再向外移动，直至直线捕捉到另一侧。

（3）当显示所需直线后，选择高亮显示的几何体。

5．与曲线相切并相切或垂直于另一条曲线的直线

如图 3-20 所示，若要定义与曲线相切并相切或垂直于另一条曲线的直线，需要：

（1）选择第一条曲线，注意不要选择其控制点。

（2）该直线如同橡皮筋那样与选中曲线相切。

如果橡皮筋直线位于曲线的错误一侧，可将光标向曲线的内部移动，然后再向外移动，直至直线捕捉到正确的一侧。在第二条曲线上方移动光标。注意直线捕捉与曲线相切还是垂直，取决于光标的位置。

（3）当显示所需直线后，选择第二条曲线。

6．与曲线相切并平行或垂直于一条直线的直线

如图 3-21 所示，若要定义与曲线相切并平行或垂直于一条直线的直线，需要：

（1）选择曲线，注意不要选择其控制点。直线根据光标的位置像橡皮筋那样与选中曲线相切。如果橡皮筋直线位于曲线的错误一侧，可将光标向曲线的内部移动，然后再向外移动，直至直线捕捉到正确的一侧。

（2）选择直线，再次强调，注意不要选择其控制点。所显示的橡皮筋直线与选中直线平行、垂直或成某一角度。

（3）当显示出所需的直线后，通过指定光标位置、选择几何体或在对话条中输入【长度】，确定其长度。

如果选择几何体来指定直线的长度，将导致直线类型的改变，按鼠标中键选择【锁定模式】（默认操作），然后选择限制几何体。

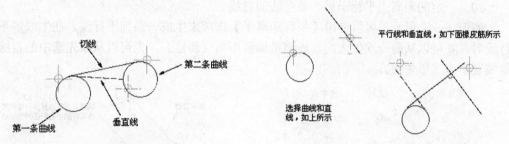

图 3-20 由两曲线创建直线   图 3-21 在曲线和直线间创建直线

7．两条直线的角平分线

如图 3-22 所示，若要定义平分线：

（1）选择两条不平行的直线，选中的线不必相交。当在屏幕上移动光标时，4 种可能的平分线会以橡皮筋的形式显示出来。

（2）当显示出所需的直线后，可通过指定光标位置、选择几何体或在对话条中输入【长度】来确定其长度。

8．两条平行线的中心线

如图 3-23 所示，若要在两条平行线之间定义与这两条线距离相等的直线：

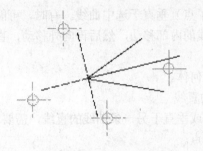

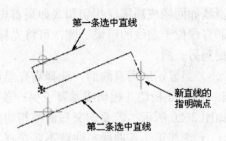

第一条选中直线

新直线的
指明端点

第二条选中直线

图 3-22 创建角平分线直线　　　　　　　　图 3-23 创建中心线直线

（1）选择第一条直线。距离选择该直线的位置最近的端点确定了新直线的起始点。

（2）选择与第一条直线平行的直线。

一条平行于选中直线且与两条选中直线等距的新直线会以橡皮筋的形式显示出来。它起始于距离第一条选中直线最近的端点在新直线上的投影处。

（3）当显示出所需的直线后，可通过指定光标位置、选择几何体或在对话条中输入【长度】来确定其长度。

9．过一点并垂直于一个面的直线

如图 3-24 所示，若要定义通过一点并垂直于一个面的直线：

（1）定义该点。直线会从该点出发以橡皮筋的形式显示出来。

（2）在"点方式"菜单上的选择【选择面】选项并选择该面。

生成的直线会通过该点并垂直于该面，其长度则会限制在与该面的交点处。可以首先选择面，但如果这样做了，将无法看到任何橡皮筋形式的显示。指定该点后，就会立即生成该直线。

如果点在面上，则直线会垂直于该面以橡皮筋的形式显示出来，直至指定了一个限制点或限制对象。

10．一定的距离上平行于另一条直线的直线

如图 3-25 所示，可以使用【平行距离于】选项来生成一系列平行线。在生成多条平行线时，既可以从前一次生成的直线测量偏置距离（新建），也可以从原先选中的直线测量偏置距离（原先的）。

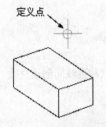

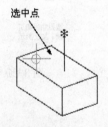

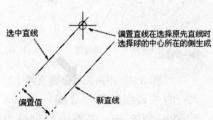

定义点　　　　选中点　　　　　选中直线　　偏置直线在选择原先直线时
　　　　　　　　　　　　　　　　　　　　选择球的中心所在的侧生成

偏置值　　　新直线

图 3-24 垂直于平面创建直线　　　　　　图 3-25 创建平行直线

在对话条中的偏置字段的值确定了选中直线与平行线之间的距离。

若要定义在一定的距离上平行于另一条直线的直线：

（1）将线串模式设置为"关闭"。在线串模式中时，无法生成在一定距离上平行于另一条直线的直线。

（2）选择基本直线，在直线希望度量偏置的一侧放置选择球的中心。

（3）在该对话条的"偏置"字段中输入偏置距离并按 Enter 键。这样就生成了偏置直线。

（4）若要以相同的偏距生成另一条直线，请再次按 Enter 键。若要以不同的偏距生成另一条直线，可键入该值，并按 Enter 键。

3.1.3　圆和圆弧

执行【插入】→【曲线】→【基本曲线】命令，选中其中的图标即圆创建图标（如图 3-26 所示），其中大部分选项前面已作介绍，此处主要介绍圆创建独有选项：

【多个位置】：勾选此复选框，每定义一个点，都会生成先前生成的圆的一个副本，其圆心位于指定点。

 提示

在圆模式"线串模式"选项会变灰，不可用。

执行【插入】→【曲线】→【基本曲线】命令，选中其中的图标即圆弧创建图标（如图 3-27 所示），其中大部分选项前述已作介绍，此处主要介绍圆弧创建独有选项：

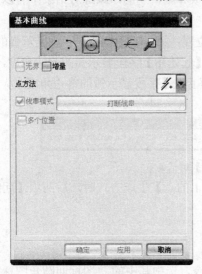
图 3-26 【圆】创建

图 3-27 【圆弧】创建

（1）【整圆】：勾选此复选框时，不论其生成方式如何，所生成的任何弧都是完整的圆。

（2）【备选解】：生成当前所预览的弧的补：只能在预览弧的时候使用。如果将光标移至该对话框之后选择"另解"，预览的弧会发生改变，就不能得到预期的结果。

（3）【创建方法】：圆弧的生成方式有以下两种（以样图作介绍）：

提示

用户可以通过为"备选解"按鼠标中键，获得所预览弧的补弧。

> 【起点，终点，圆弧上的点】：利用这种方式，可以生成通过 3 个点的弧，或通过两个点并与选中对象相切的弧。选中的要与弧相切的对象不能是抛物线、双曲线或样条（但是，可以选择其中的某个对象与完整的圆相切），如图 3-28 所示。

图 3-28 【起点，终点，圆弧上的点】示意图　　　　图 3-29 【中心点，起点，终点】示意图

> 【中心点、起点、终点】：使用这种方式，应首先定义中心点，然后定义弧的起始点和终止点，如图 3-29 所示。
> 【跟踪栏】：如图 3-30 所示，在弧的生成和编辑期间，跟踪对话条中有以下字段可用：

XC、YC 和 ZC 栏各显示弧的起始点的位置。第 4 项【半径】字段显示弧的半径。第 5 项【直径】字段显示弧的直径。第 6 项【起始角】字段显示弧的起始角度，从 XC 轴开始测量，按逆时针方向移动。第 7 项【终止角】字段显示弧的终止角度，从 XC 轴开始测量，按逆时针方向移动。

图 3-30 【跟踪栏】对话条

需要注意的是：在使用【起点，终点，圆弧上的点】生成方式时，后两项【起始角】和【终止角】字段将变灰。

3.1.4 倒圆角

执行【插入】→【曲线】→【基本曲线】命令，选中其中的 🔲 图标即圆角图标（如图 3-31 所示），可以使用【圆角】选项来圆整两条或三条选中曲线的相交处。还可以指定生成圆角时原先的曲线的修剪方式。

对话框选项功能如下：

（1）🔲 【简单倒圆】：在两条共面非平行直线之间生成圆角。通过输入半径值确定圆角的大小。直线将被自动修剪至与圆弧的相切点。生成的圆角与直线的选择位置直接相关。要同时选择两条直线。必须以同时包括两条直线的方式放置选择球，如图 3-32 所示。

 提示

如果选择球仅包括一条直线，则会显示错误信息。在选择球半径内找不到两条直线。

图 3-31 【曲线倒圆】对话框

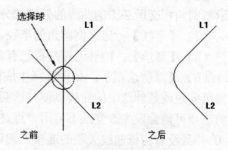

图 3-32 【简单圆角】示意图

通过指定一个点选择两条直线。该点确定如何生成圆角，并指示圆弧的中心。将选择球的中心放置到最靠近要生成圆角的交点处。各条线将延长或修剪到圆弧处，如图 3-33 所示。

（2）　【2 曲线倒圆】：在两条曲线（包括点、线、圆、二次曲线或样条）之间构造一个圆角。两条曲线间的圆角是沿逆时针方向从第一条曲线到第二条曲线生成的一段弧。通过这种方式生成的圆角同时与两条曲线相切，如图 3-34 所示。

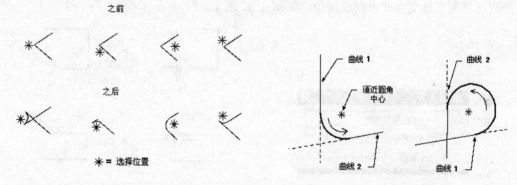

图 3-33 圆角方向示意图

图 3-34 【2 曲线倒圆】示意图

（3）　【3 曲线倒圆】：该选项可在 3 条曲线间生成圆角，这 3 条曲线可以是点、线、圆弧、二次曲线和样条的任意组合。【半径】选项不可用。

3 条曲线倒出的圆角是沿逆时针方向从第一条曲线到第三条曲线生成的一段圆弧。该圆角是按圆弧的中心到所有 3 条曲线的距离相等的方式构造的。3 条曲线不必位于同一个平面内，如图 3-35 所示。

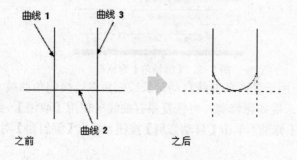

图 3-35 【3 曲线倒圆】示意图

这些曲线被修剪至圆角的切点处。如果原先的曲线不与圆角弧相切，则系统会计算并显示与圆角相交所必需的曲线的外推部分（除了无法外推的点和样条）。

（4）【半径】：定义倒圆角的半径。

（5）【继承】：能够通过选择已有的圆角来定义新圆角的值。

（6）【修剪选项】：如果选择生成两条或三条曲线倒圆，需要选择一个修剪选项。修剪可缩短或延伸选中的曲线以便与该圆角连接起来。根据选中的圆角选项的不同，某些修剪选项可能会发生改变或不可用。点是不能进行修剪或延伸，如果修剪后的曲线长度等于 0 并且没有与该曲线关联的连接，则该曲线会被删除。

3.1.5 倒斜角

执行【插入】→【曲线】→【倒斜角】命令，系统会弹出图 3-36 所示对话框，用于在两条共面的直线或曲线之间生成斜角。

系统提供了两种选择方式，以下对其功能作一简介：

（1）【简单倒斜角】：用于建立简单倒角，其产生的两边偏置值必须相同，且角度为 45º 并且该选项只能用于两共面的直线间倒角。选中该选项后系统会要求输入倒角尺寸，而后选择两直线交点即可完成倒角，如图 3-37 所示。

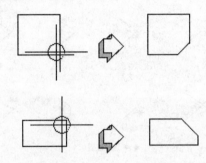

图 3-36 【倒斜角】对话框   图 3-37 【简单倒斜角】示意图

（2）【用户定义倒斜角】：在两个共面曲线（包括圆弧、样条和三次曲线）之间生成斜角。该选项比生成简单倒角时具有更多的修剪控制。选中该选项后会弹出如图 3-38 对话框。以下对其各选项功能作一说明：

图 3-38 【倒斜角】对话框

> 【自动修剪】：用于使两条曲线自动延长或缩短以连接倒角曲线（参见图 3-39）。如果原有曲线未能如愿修剪，可恢复原有曲线（使用【取消】，或按 Ctrl+Z 组合键）并选择手工修剪。单击【自动修剪】按钮，弹出【倒斜角】对话框，如图 3-40 所示。

> 【手工修剪】：该选项可以选择想要修剪的倒角曲线。然后指定是否修剪曲线，

并且指定要修剪倒角的哪一侧。选取的倒角侧将被从几何体中切除。如图 3-41
所示以偏置和角度方式进行倒角。

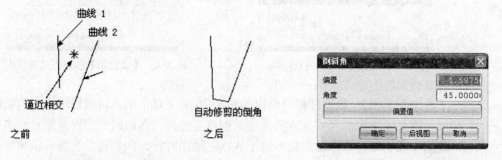

図3-39　【自动修剪】示意图　　　　　　　　图3-40　自动修剪参数设置

➢ 【不修剪】：该选项用于保留原有曲线不变。当用户选定某一倒角方式后，系统
会弹出如图 3-42 所示对话框，要求用户输入偏置值和角度（该角度是从第二条
曲线测量的）或者全部输入偏置值来确定倒角范围，以上两选项可以通过【偏置
值】和【偏置和角度】按钮来进行切换。

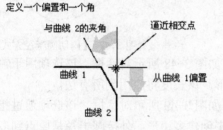

图 3-41　【手工修剪】示意图　　　　　　　图 3-42　手工修剪参数设置

其中，【偏置】是两曲线交点与倒角线起点之间的距离。对于简单倒角，沿两条曲线的
偏置相等。对于线性倒角偏置而言，偏置值是直线距离，但是对于非线性倒角偏置而言，
偏置值不一定是直线距离，如图 3-43 所示。

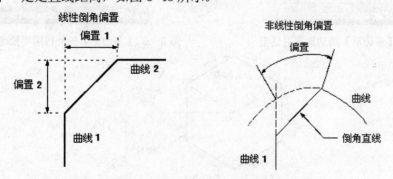

图 3-43　【线性和非线性偏置】示意图

3.1.6　建立其他类型曲线

（1）【多边形】：执行【插入】→【曲线】→【多边形】命令，系统会弹出图 3-44
所示对话框，当输入多边形的边数目后，将弹出图 3-45 所示对话框用于选择创建方式。

图3-44 创建【多边形】对话框　　　　　图3-45 【多边形】创建方式对话框

以下对多边形的创建方式作一介绍：

➢ 【内切圆半径】：该选项将会弹出如图3-46所示对话框。可以通过输入内切圆的半径定义多边形的尺寸及方向角度来创建多边形，内切圆半径也是原点到多边形边的中点的距离。方位角是多边形从 XC 轴逆时针方向旋转的角度。该角度指定多边形第一个顶角的位置，如图3-47所示。

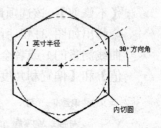

图3-46 【多边形】对话框　　　　　　　图3-47 【内切圆半径方式】示意图

➢ 【多边形边数】：该选项将会弹出如图3-48所示对话框。该选项用于输入多边形一边的边长及方位角来创建多边形。该长度将应用到所有边。

➢ 【外接圆半径】：该选项将会弹出如图3-49所示对话框。该选项通过指定外接圆半径定义多边形的尺寸及方位角来创建多边形。外接圆半径是原点到多边形顶点的距离，如图3-50所示。

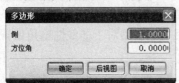

图3-48 【多边形】的边选项对话框　　　图3-49 【多边形】的外接圆半径选项对话框

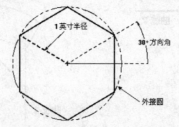

图3-50 【外接圆半径方式】示意图

　（2）【椭圆】：执行【插入】→【曲线】→【椭圆】命令或是在草图界面环境下执行【插入】→【椭圆】命令，在弹出的【点】对话框中指定椭圆原点，之后会弹出如图3-51所示对话框。以下对其中各选项作一介绍：

➢ 【长半轴】和【短半轴】：椭圆有两根轴：长轴和短轴（每根轴的中点都在椭圆

的中心）。椭圆的最长直径就是主轴；最短直径就是副轴。长半轴和短半轴的值指的是这些轴长度的一半，如图 3-52 所示。

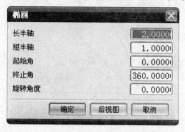

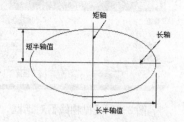

图 3-51【椭圆】对话框　　　　图 3-52【长半轴】和【短半轴】示意图

 提示

不论为每个轴的长度输入的值如何，较大的值总是作为长半轴的值，较小的值总是作为短半轴的值。

> 　【起始角】和【终止角】：椭圆是绕 ZC 轴正向沿着逆时针方向生成的。起始角和终止角确定椭圆的起始和终止位置，它们都是相对于主轴测算的，如图 3-53 所示。
> 　【旋转角度】：椭圆的旋转角度是主轴相对于 XC 轴，沿逆时针方向倾斜的角度。除非改变了旋转角度，否则主轴一般是与 XC 轴平，如图 3-54 所示。

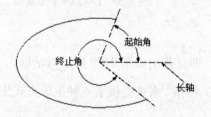

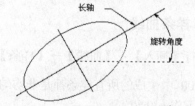

图 3-53【起始角】和【终止角】示意图　　　图 3-54【旋转角度】示意图

3.2　复杂曲线

复杂曲线是指非基本曲线，即除直线、圆和圆弧曲线以外的曲线，包括样条、二次曲线、螺旋线、规律曲线等。复杂曲线是建立复杂实体模型的基础，在本节中将介绍一些较为复杂的特殊曲线的生成和操作。

3.2.1 抛物线

在下拉菜单栏中选择【插入】→【曲线】→【抛物线】命令，打开【点】对话框，输入抛物线顶点，单击"确定"按钮，打开如图 3-55 所示对话框，在该对话框中输入用户所需的数值，单击"确定"按钮，抛物线示意图如图 3-56 所示。

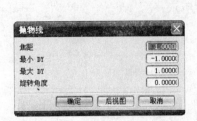

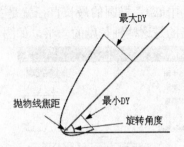

图 3-55 【抛物线】对话框　　　　　　图 3-56 【抛物线】示意图

3.2.2 双曲线

在下拉菜单栏中选择【插入】→【曲线】→【基本曲线】命令，打开【点】对话框，输入双曲线中心点，打开如图 3-57 所示的对话框，在该对话框中输入用户所需的数值，单击【确定】按钮，双曲线示意图如图 3-58 所示。

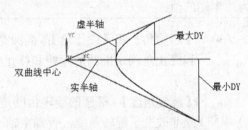

图 3-57 【双曲线】对话框　　　　　　图 3-58 【双曲线】示意图

3.2.3 样条曲线

执行【插入】→【曲线】→【样条】命令，即可弹出如图 3-59 所示对话框。

UG 中生成的所有样条都是非均匀有理 B 样条。系统提供了 4 种生成方式生成 B 样条，以下作一介绍：

（1）【根据极点】：该选项中所给定的数据点称为曲线的极点或控制点。样条曲线靠近它的各个极点，但通常不通过任何极点（端点除外）。使用极点可以对曲线的总体形状和特征进行更好的控制。该选项还有助于避免曲线中多余的波动（曲率反向）。

选择【根据极点】后，将显示【根据极点生成样条】对话框，如图 3-60 所示。该对话框中各选项功能说明：

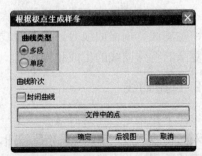

图 3-59 【样条】对话框　　　　　　图 3-60 【根据极点生成样条】对话框

> 　【曲线类型】：样条可以生成为【单段】或【多段】，每段限制为 25 个点。【单段】样条为 Bezier 曲线；【多段】样条为 B 样条。
> 　【曲线阶次】：曲线次数即曲线的阶次，这是一个代表定义曲线的多项式次数的数学概念。阶次通常比样条线段中的点数小 1。因此，样条的点数不得少于阶次数。UG 样条的阶次必须介于 1 和 24 之间。但是建议用户在生成样条时使用三次曲线（阶次为 3）。

提示

　　应尽可能使用较低阶次的曲线（3、4、5）。应使用默认阶次 3。单段曲线的阶次取决于其指定点的数量。

> 　【封闭曲线】：通常，样条是非闭合的，它们开始于一点，而结束于另一点。通过选择【封闭曲线】选项可以生成开始和结束于同一点的封闭样条。该选项仅可用于多段样条。当生成封闭样条时，不必将第一个点指定为最后一个点，样条会自动封闭。
> 　【文件中的点】：用来指定一个其中包含用于样条数据点的文件。点的数据可以放在*. dat 文件中。

　　（2）【通过点】：该选项生成的样条将通过一组数据点。还可以定义任何点或所有点处的切矢和/或曲率。

　　选择【通过点】后，将显示【通过点生成样条】对话框，如图 3-61 所示。

　　若要生成【通过点】的样条，有以下的常规过程：

　　1）设置【通过点生成的样条】对话框中的参数，然后选择【确定】按钮。

　　2）为样条指定点，使用点定义方式之一，如图 3-62 所示。以下简述该对话框中点定义方式各选项功能：

　　　　　　图 3-61　【通过点生成样条】对话框　　　　　　　　图 3-62　点定义方式

> 　【全部成链】：用来指定起始点和终止点，从而选择两点之间的所有点。
> 　【在矩形内的对象成链】：用来指定形成矩形的点。从而选择矩形内的所有点。然后必须指定第一个和最后一个点。
> 　【在多边形内的对象成链】：用来指定形成多边形的点。从而选择生成后的形状中的所有点。然后必须指定第一个和最后一个点。

➤ 　【点构造器】：可以使用点构造器来定义样条点。

　　3）指定切矢和曲率，然后选择【确定】生成样条。图 3-63 显示了在相同数据点用于通过点和作为极点时，样条形状的差异。

　　（3）【拟合】：该选项可以通过在指定公差内将样条与构造点【拟合】来生成样条。该方式减少了定义样条所需的数据量。由于不是强制样条精确通过构造点，从而简化了定义过程，其构造对话框如图 3-64 所示。

　　以下对其中部分选项功能作一说明：

　　1）【拟合方法】：用于指定数据点之后，可以通过选择以下方式之一定义如何生成样条：

➤ 　【根据公差】：用来指定样条可以偏离数据点的最大允许距离。

➤ 　【根据分段】：用来指定样条的段数。

➤ 　【根据模板】：可以将现有样条选作模板，在拟合过程中使用其阶次和节点序列。用【根据模板】选项生成的拟合曲线，可在需要拟合曲线以具有相同阶次和相同节点序列的情况下使用。这样，在通过这些曲线构造曲面时，可以减少曲面中的面片数。

　　2）【曲线阶次】：用于确定样条线的分段。

　　3）【公差】：表示控制点与数据点相符的程度。

　　4）【段数】：用来指定样条中的段数。

　　5）【赋予端点斜率】：用来指定或编辑端点处的切矢。

　　6）【更改权值】：用来控制选定数据点对样条形状的影响程度，更改权值用来更改任何数据点的加权系数。指定较大的权值可确保样条通过或逼近该数据点。指定零权值将在拟合过程中忽略特定点。

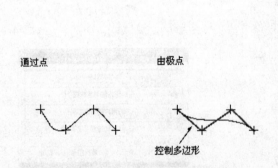

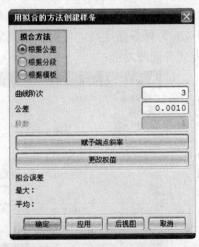

图 3-63 【通过点】和【由极点】方式示意图　　　图 3-64 【用拟合的方法创建样条】对话框

　　（4）【垂直于平面】：该选项可以生成通过并垂直于一组平面中各个平面的样条。每个平面组中允许的最大平面数为 100，如图 3-65 所示。

　　样条段在平行平面之间呈直线状，在非平行平面之间呈圆弧状。每个圆弧段的中心为边界平面的交点。图 3-66 显示了如何确定一个圆弧段的半径。

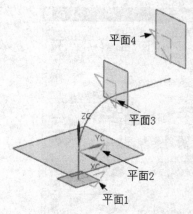

图 3-65　【垂直于平面】生成样条示意图

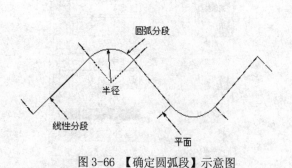

图 3-66　【确定圆弧段】示意图

 提示

在用【垂直于平面】方式生产样条曲线时，可以先创建平面，也可以直接利用对话框中的【平面子功能】创建平面。如果选择的起始点不在起始平面上，将显示点不在起始平面上的信息；如果连续选择了相同的平面，将显示选择的平面与前一个平面相同的信息（允许多次选择同一个平面，但是，不能连续选择同一个平面）。

3.2.4　规律曲线

执行【插入】→【曲线】→【规律曲线】命令，即可弹出如图 3-67 所示对话框。

图 3-67　【规律曲线】选项对话框

以下对上述对话框中各选项功能作一说明：

（1）凵【恒定】：该选项能够给整个规律功能定义一个常数值。系统提示用户只输入一个规律值（即该常数），如图 3-68 所示。

（2）凵【线性】：该选项能够定义从起始点到终止点的线性变化率，如图 3-69 所示。

（3）凵【三次】：该选项能够定义从起始点到终止点的三次变化率。

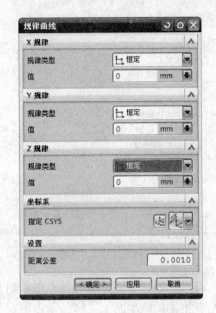 

图 3-68   规律类型为【恒定】的对话框   图 3-69   规律类型为【线性】的对话框

（4）【沿脊线的线性】：该选项能够使用两个或多个沿着脊线的点定义线性规律功能。选择一条脊线曲线后，可以沿该曲线指出多个点。系统会提示用户在每个点处输入一个值。

（5）【沿脊线的三次】：该选项能够使用两个或多个沿着脊线的点定义三次规律功能。选择一条脊线曲线后，可以沿该脊线指出多个点。系统会提示用户在每个点处输入一个值。

（6）【根据方程】：该选项可以用表达式和参数表达式变量来定义规律。必须事先定义所有变量，变量定义可以使用【工具】→【表达式】来定义，并且公式必须使用参数表达式变量"t"。

在这个表格中，点的每个坐标被表达为一个单独参数的一个功能 t 。系统在从 0 到 1 的格式化范围中使用默认的参数表达式变量 t（0 <= t <= 1）。在表达式编辑器中，可以初始化 t 为任何值因为系统使 t 从 0 到 1 变化。为了简单起见，初始化 t 为 0。

（7）【根据规律曲线】：选择一条已存在的光滑曲线定义规律函数。在选择了这条曲线后，系统还需用户选择一条直线作为基线，为规律函数定义一个矢量方向，如果用户未指定基线，则系统会默认选择绝对坐标系的 X 轴作为规律曲线的矢量方向。

【例 3-1】根据抛物线公式创建抛物线。

（1）新建一 prt 文件 paowuxian.prt，单位 mm，进入建模环境后，根据下面给出的抛物线方程，创建表达式。

$$y = 2 - 0.25\,x^2$$

可以在表达式编辑器中使用 t、xt、yt 和 zt 来确定这个公式的参数：

t=0

xt = -sqrt(8)*(1-t)+sqrt(8)*t

$$yt = 2-0.25*xt^2$$
$$zt = 0$$

使用 t、xt、yt 和 zt 是因为在"根据公式"选项中使用了默认变量名。

（2）选择【工具】→【表达式】，弹出【表达式】对话框，输入每个确定了参数值的表达式，如图 3-70 所示。单击【确定】完成设置。

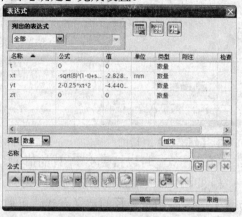

图 3-70 创建表达式

（3）执行【插入】→【曲线】→【规律曲线】。弹出【规律曲线】对话框，【规律类型】选择【根据方程】，如图 3-71 所示。单击【确定】生成抛物线，结果如图 3-72 所示。

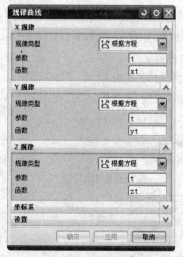

图 3-71 【规律曲线】定位方式对话框

图 3-72 规律曲线【根据方程】示意图

3.2.5 螺旋线

执行【插入】→【曲线】→【螺旋线】命令，即可弹出如图 3-73 所示对话框。

该对话框能够通过定义圈数、螺距、半径方法（规律或恒定）、旋转方向和适当的方向，可以生成螺旋线，如图 3-74 所示。

以下就螺旋线对话框中各功能作简单介绍：

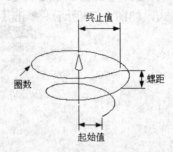

图 3-73 【螺旋线】对话框   图 3-74 【螺旋线】创建示意图

（1）【圈数】：必须大于 0。可以接受小于 1 的值（比如 0.5 可生成半圈螺旋线）。

（2）【螺距】：相邻的圈之间沿螺旋轴方向的距离。【螺距】必须大于或等于 0。

（3）【半径方法】：能够指定半径的定义方式。可通过【使用规律曲线】或【输入半径】来定义半径。

> 【使用规律曲线】：能够使用规律函数来控制螺旋线的半径变化。当选择该选项时，半径字段框就会变灰，并显示【规律子功能】对话框。

> 【输入半径】：该选项为默认值，能够输入半径值，该值在整个螺旋线上都是常数。

> 【半径】：如果选择了【输入半径】方式，则在此处输入半径值。

（4）【旋转方向】：该选项用于控制旋转的方向。

> 【右旋】：螺旋线起始于基点向右卷曲（逆时针方向）。

> 【左旋】：螺旋线起始于基点向左卷曲（顺时针方向）。

旋转方向示意图如图 3-75 所示。

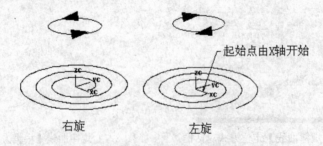

右旋   左旋

图 3-75 【旋转方向】示意图

（5）【定义方位】：该选项能够使用坐标系工具的 Z 轴、X 点选项来定义螺旋线方向。可以使用【点构造器】对话框或通过指出光标位置来定义基点。

如果不定义方向，则使用当前的工作坐标系。

如果不定义基点，则使用当前的 XC=0、YC=0 和 ZC=0 作为默认基点。

（6）【点构造器】：能够使用点构造器来定义方向定义中的基点。

3.3　曲线操作

　　一般情况下，曲线创建完成后并不能满足用户需求，还需要进一步的处理工作，本节将进一步介绍曲线的操作功能，如简化、偏置、桥接、连接、截面和沿面偏置等，其大部分命令集中【插入】→【来自曲线集的曲线】子菜单下，如图 3-76 所示。

图 3-76　来自曲线集的曲线子菜单

3.3.1 偏置

　　执行【插入】→【来自曲线集的曲线】→【偏置】命令或工具栏图标，当选取要偏置的曲线后，即可弹出如图 3-77 所示对话框。

　　该选项能够通过从原先对象偏置的方法，生成直线、圆弧、二次曲线、样条和边。偏置曲线是通过垂直于选中基曲线上的点来构造的。可以选择是否使偏置曲线与其输入数据相关联。

　　曲线可以在选中几何体所确定的平面内偏置，也可以使用拔模角和拔模高度选项偏置到一个平行的平面上。只有当多条曲线共面且为连续的线串（即端端相连）时，才能对其进行偏置。结果曲线的对象类型与它们的输入曲线相同（除了二次曲线，它偏置为样条）。以下对"偏置曲线"对话框中部分选项功能作简单介绍：

　　（1）【类型】

➢　【距离】：此方式在选取曲线的平面上偏置曲线。并在其下方的【距离】和【副本数】中设置偏置距离和产生的数量。

➢　【拔模】：此方式在平行于选取曲线平面，并与其相距指定距离的平面上偏置曲线。一个平面符号标记出偏置曲线所在的平面。并在其下方的【拔模高】和【拔模角】中设置其数值。该方式的基本思想是将曲线按照指定的【拔模角】偏置到与曲线所在平面相距【拔模高】的平面上。其中，拔模角度是偏置方向与原曲线所在平面的法向夹角。

　　图 3-78 所示是用【拔模】偏置方式生成偏置曲线的一个示例。【拔模高度】为 50，【拔模角】为 15 °。

➢　【规律控制】：此方式在规律定义的距离上偏置曲线，该规律是用规律子功能选项对话框指定的。

➢　【3D 轴向】：此方式在三维空间内指定矢量方向和偏置距离来偏置曲线。并在其下方的【3D 偏置值】和【轴矢量】中设置数值。

　　（2）【偏置】

➢　【距离】：在箭头矢量指示的方向上与选中曲线之间的偏置距离。负的距离值将在反方向上偏置曲线。

➢　【副本数】：该选项能够构造多组偏置曲线，如图 3-79 所示。每组都从前一组偏置一个指定的距离。

➢　【反向】：该选项用于反转箭头矢量标记的偏置方向。

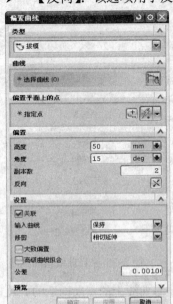

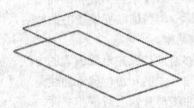

图 3-77　【偏置曲线】对话框　　　　　　图 3-78　【拔模】偏置方式示意图

（3）【设置】

➢　【关联】：如果勾选此复选框，则偏置曲线会与输入曲线和定义数据相关联。

➢　【输入曲线】：该选项能够指定对原先曲线的处理情况。对于关联曲线，某些选项不可用：

【保留】：在生成偏置曲线时，保留输入曲线。

【隐藏】：在生成偏置曲线时，隐藏输入曲线。

【删除】：在生成偏置曲线时，删除输入曲线。如果"关联输出"切换为"打开"，则该选项会变灰。

【替换】：该操作类似于移动操作，输入曲线被移至偏置曲线的位置。如果勾选【关联】复选框，则该选项不能用。

➢　【修剪】：该选项将偏置曲线修剪或延伸到它们的交点处的方式。

【无】：既不修剪偏置曲线，也不将偏置曲线倒成圆角。

【相切延伸】：将偏置曲线延伸到它们的交点处。

【圆角】：构造与每条偏置曲线的终点相切的圆弧。圆弧的半径等于偏置距离。图 3-80 显示了一个用该"圆角"生成的偏置。如果生成重复的偏置（即只选择"应用"而不更改任何输入），则圆弧的半径每次都会增加一个偏置距离。

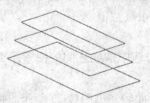

图 3-79　【副本数】示意图　　　　　　图 3-80　【圆角】偏置

（4）【公差】：当输入曲线为样条或二次曲线时，可确定偏置曲线的精度。

 提示

"应用"按钮和"确定"按钮的效果差异：　"应用"可以在不退出对话框的前提下，按照前次设置的数值进行多次操作；"确定"仅执行一次操作并关闭对话框。

【例 3-2】创建偏置曲线。

新建一 prt 文件 pianzhi.prt，单位 mm，进入建模环境后，执行【首选项】→【背景】命令，将背景设置为白色。单击【任务环境中的草图】图标🖺 或者执行【插入】→【任务环境中的草图】命令，弹出【创建草图】对话框，【平面方法】设置为【自动判断】。进入草图编辑环境。

（1）单击【圆】图标〇，以原点为圆心直径 80mm，再以圆心为起点绘制 5 条直线，如图 3-81 所示。

（2）单击【自动判断尺寸】图标🖼和【约束】图标🖼，对 5 条直线进行约束，使其夹角为 72°。结果如图 3-82 所示。如果出现过约束情况，在绘制完直线后即可删除不再需要的约束。

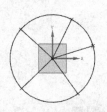

图 3-81 绘制草图轮廓

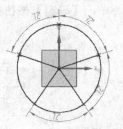

图 3-82　图形约束

（3）单击【直线】图标／，顺次连接各个直线，如图 3-83 所示。最后利用草图的 ✕（快速修剪）工具完成最后的修整如图 3-84 所示，单击【完成草图】图标🟦 退出草图。

图 3-83　绘制出五角星的外形

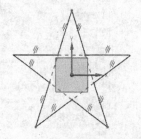

图 3-84　完成五角星绘制

（4）执行【插入】→【来自曲线集的曲线】→【偏置曲线】命令，弹出【偏置曲线】对话框。设置对话框中的【距离】为 5mm，【副本数】为 1，【端盖选项】为【圆弧帽形体】，如图 3-85 所示。选择视图中的所有曲线，将偏置方向通过【反向】调整如图 3-86 所示。单击【确定】按钮完成曲线偏置操作，如图 3-87 所示。

图 3-85　【偏置曲线】对话框

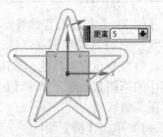

图 3-86 选择曲线设置偏置方向

（5）执行【插入】→【设计特征】→【拉伸】命令，弹出【拉伸】对话框，在状态栏的【曲线规则】中设置【相连曲线】，如图 3-88 所示。在对话框中设置拉伸厚度为 25mm；在【偏置】中选择【两侧】选项，设置【开始】距离为 5mm，【结束】距离为 10mm，如图 3-89 所示。单击【确定】按钮完成曲线拉伸操作，如图 3-90 所示最终实体图。

图 3-87 完成曲线偏置

图 3-88　设置拾取曲线方式

图 3-89　【拉伸】对话框

图 3-90 偏置结果

3.3.2 在面上偏置

执行【插入】→【来自曲线集的曲线】→【在面上偏置】命令或工具栏图标，即可弹出如图 3-91 所示【面中的偏置曲线】对话框。以下对其各选各项功能作一介绍：

（1）【偏置方法】

- ➢ 【弦】：沿曲线弦长偏置。
- ➢ 【弧长】：沿曲线弧长偏置。
- ➢ 【测量】：沿曲面最小距离创建。
- ➢ 【相切】：沿曲面的切线方向创建。
- ➢ 【投影距离】：沿投影距离偏置。

（2）【公差】：该选项用于设置偏置曲线公差，其默认值是在【建模预设置】对话框中设置的。公差值决定了偏置曲线与被偏置曲线的相似程度，选用默认值即可。

如图 3-92 所示为【在面上偏置】示意图。

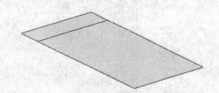

图 3-91 【面中的偏置曲线】对话框　　　图 3-92【在面上偏置】示意图

3.3.3 桥接

执行【插入】→【来自曲线集的曲线】→【桥接】命令或工具栏图标，即可弹出如图 3-93 所示对话框。

该选项可以用来桥接两条不同位置的曲线，边也可以作为曲线来选择。这是用户在曲线连接中最常用的方法。以下对桥接对话框各选项功能作一介绍：

（1）【起始对象】：用于确定桥接曲线操作的起点对象。

（2）【终止对象】：用于确定桥接曲线操作的终点对象。

（3）【连续性】：该选项能够指定用于构造桥接曲线的连续方式。

➤ 【位置】：表示桥接曲线与第一条曲线、第二条曲线在连接点处连接不相切，且为三阶样条曲线。

➤ 【相切】：表示桥接曲线与第一条曲线、第二条曲线在连接点处连接相切，且为三阶样条曲线。

➤ 【曲率】：表示桥接曲线与第一条曲线、第二条曲线在连接点处曲率连续，且为五阶或七阶样条曲线。

➤ 【流】：表示桥接曲线与第一条曲线、第二条曲线在连接点处沿流线变化，且为五阶或七阶样条曲线。

（4）【位置】移动滑尺上的滑块，确定点在线上百分比位置。

（5）【方向】：通过"点构造器"来确定点在曲线的位置。

（6）【约束面】：用于限制桥接曲线所在面。

（7）【半径约束】：用于限制桥接曲线的半径的类型和大小。

（8）【形状控制】：控制桥接曲线的形状。

类型包括：

1)【相切幅值】：通过改变桥接曲线与第一条曲线和第二条曲线连接点的切矢量值，来控制桥接曲线的形状。切矢量值的改变是通过【开始】和【终点】滑尺，或直接在【第一曲线】和【第二根曲线】文本框中输入切矢量来实现的

2)【深度和歪斜】：当选择该控制方式时，【桥接曲线】对话框的变化如图 3-94 所示。

图 3-93 【桥接曲线】对话框

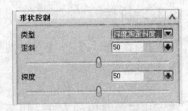

图 3-94 深度和歪斜类型

> 【歪斜】：是指桥接曲线峰值点的倾斜度，即设定沿桥接曲线从第一条曲线向第二条曲线度量时峰值点位置的百分比。

> 【深度】：是指桥接曲线峰值点的深度，即影响桥接曲线形状的曲率的百分比，其值可拖动下面的滑尺或直接在【深度】文本框中输入百分比实现。

　　3）【参考成型曲线】：用于选择控制桥接曲线形状的参考样条曲线，是桥接曲线继承选定参考曲线的形状。

3.3.4 简化

　　执行【插入】→【来自曲线集的曲线】→【简化】命令或工具栏图标，即可弹出如图 3-95 所示对话框。该选项以一条最合适的逼近曲线来简化一组选择曲线（最多可选择 512 条曲线），它将这组曲线简化为圆弧或直线的组合，即将高次方曲线降成二次或一次方曲线。

图 3-95　【简化曲线】对话框

　　在简化选中曲线之前，可以指定原有曲线在转换之后的状态。可以对原有曲线选择下列选项之一：

　　（1）【保持】：在生成直线和圆弧之后保留原有曲线。在选中曲线的上面生成曲线。

　　（2）【删除】：简化之后删除选中曲线。删除选中曲线之后，不能再恢复。如果选择"撤销"，可以恢复原有曲线但不再被简化。

　　（3）【隐藏】：生成简化曲线之后，将选中的原有曲线从屏幕上移除，但并未被删除。

　　若要选择的多组曲线彼此首尾相连，则可以通过其中的【成链】选项，通过第一条和最后一条曲线来选择期间彼此连接的一组曲线，之后系统对其进行简化操作。

3.3.5 连结

　　执行【插入】→【来自曲线集的曲线】→【连结】命令或工具栏图标，即可弹出如图 3-96 所示对话框。该选项功能可将一链曲线和/或边合并到一起以生成一条 B 样条曲线。其结果是与原先的曲线链近似的多项式样条，或者是完全表示原先的曲线链的一般样条。

　　以下就其中的各选项功能作一介绍：

　　（1）【关联】：如果打开该选项，结果样条将与其输入曲线关联，并且当修改这些曲线时会相应更新。

　　（2）【输入曲线】：该选项的子选项用于处理原先的曲线。

　　（3）【距离/角度公差】：该选项用于设置连接曲线的公差，其默认值是在建模预设设置对话框中设置的。

图 3-96　【连结曲线】对话框

3.3.6　相交

执行【插入】→【来自体的曲线】→【求交】命令或工具栏图标　，即可弹出如图 3-97 所示对话框。该选项功能用于在两组对象之间生成相交曲线。相交曲线是关联的，会根据其定义对象的更改而更新。图 3-98 所示为相交曲线的一个示例，其中相交曲线是由片体与包含腔体的长方体相交而得到的，对话框各选项功能如下：

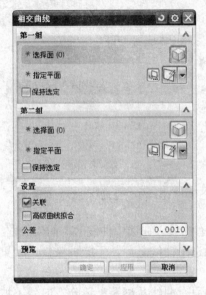

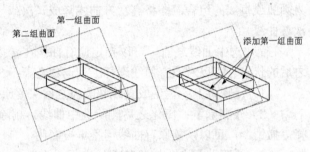

图 3-97 【相交】对话框　　　　　　图 3-98 【相交】示意图

（1）【第一组】：激活该选项时可选择第一组对象。

（2）【第二组】：激活该选项时可选择第二组对象。

（3）【保持选定】：选中该复选框之后，在右侧的选项栏中选择"第一组"或"第二组"，在单击【应用】后，自动选择已选择的"第一组"或"第二组"对象。

（4）【指定平面】：用于设定第一组或第二组对象的选择范围为平面或参考面或基准面。

（5）【关联】：能够指定相交曲线是否关联。向对源对象进行更改时，关联的相交曲线会自动更新。

（6）【高级曲线拟合】：曲线拟合的阶次，可以选择"三次"、"五次"或者"高级"，一般推荐使用三次。

【例 3-3】创建相交曲线。

新建一 prt 文件 xiangjiao.prt，单位 mm，进入建模环境后，执行【首选项】→【背景】命令，将背景设置为白色。单击【任务环境中的草图】图标　或者执行【插入】→【任务环境中的草图】命令，进入草图编辑环境。弹出【创建草图】对话框，设置【平面方法】为【自动判断】，单击确定进入草图绘制环境。

（1）单击【艺术样条】图标　或执行【插入】→【艺术样条】命令，在草图上绘制两条样条曲线。样条次数为 3 次，利用【通过点】方式创建样条曲线，如图 3-99 所示。单击　完成草图　退出草图绘制界面。

（2）绘制两个圆，分别垂直于两样条曲线的端点处的切矢。首先调整坐标系，执行【格式】→【WCS】→【定向】命令，系统弹出【CSYS】对话框，如图 3-100 所示。选择其中的【点，垂直于曲线】图标 ，选取一样条曲线，然后选择其端点，如图 3-101 所示。单击【确定】按钮完成坐标系创建。

（3）完成坐标系的创建后，执行【插入】→【曲线】→【基本曲线】命令，选择【圆】图标 创建模式，设置【点方法】为端点图标 。将样条曲线的端点捕获为圆心，在浮动工具栏的 （半径）文本框中输入 30mm，按 Enter 键以确认。可以在其中进行数值的更改并按 Enter 键确认修改。完成圆的创建（如图 3-102 所示）。另一圆以同样方法创建，半径也是 30mm，最后如图 3-103 所示。

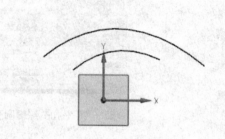

图 3-99 绘制样条曲线

图 3-100 创建作坐标系

图 3-101 选择曲线和端点

图 3-102 完成圆的创建

（4）完成扫掠体的生成。执行【插入】→【扫掠】→【沿引导线扫掠】命令，依次选择圆为截面线串，再选择样条曲线为引导线，单击【确定】按钮。完成后如图 3-104 所示。

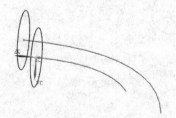

图 3-103 圆弧创建最终示意图

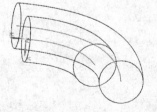

图 3-104 沿引导线扫掠示意图

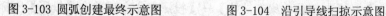

（5）编辑圆弧曲线，使得扫略体半径变小些。执行【编辑】→【曲线】→【参数】命令，弹出【编辑曲线参数】对话框，如图 3-105 所示。单击【选择曲线】按钮 ，选取圆弧，弹出【圆弧/圆（非关联）】对话框，在浮动工具栏中的直径文本框中将 60mm 更改为 40mm，并按 Enter 键以确认修改（如图 3-106 所示），单击【确定】按钮完成修改。另

一圆弧也进行同样的修改。

（6）获取相交线。执行【插入】→【来自体的曲线】→【求交】命令，依次选取第一组对象和第二组对象，如图3-107所示，单击【确定】按钮完成相交线的获取，如图3-108所示。

图 3-105 编辑曲线参数对话框

图 3-106 编辑圆弧

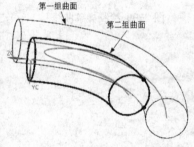

图 3-107 选取相交对像

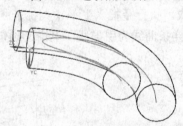

图 3-108 获取相交线

3.3.7 投影

执行【插入】→【来自曲线集的曲线】→【投影】命令或单击【投影】图标，即可弹出如图3-109所示对话框。该选项能够将曲线和点投影到片体、面、平面和基准面上。点和曲线可以沿着指定矢量方向、与指定矢量成某一角度的方向、指向特定点的方向或沿着面法线的方向进行投影。所有投影曲线在孔或面边界处都要进行修剪。

以下对该对话框中各选项功能作一介绍：

（1）【选择曲线或点】：该选项用于选择需要投影的曲线、点。

（2）【指定平面】：用于确定投影所在的表面或平面。

（3）【方向】：该选项用于指定如何定义将对象投影到片体、面和平面上时所使用的方向。

> 【沿面的法向】：该选项用于沿着面和平面的法向投影对象，如图 3-110 所示。

> 【朝向点】：该选项可向一个指定点投影对象。对于投影的点，可以在选中点与投影点之间的直线上获得交点，如图 3-111 所示。

> 【朝向直线】：该选项可沿垂直于一指定直线或基准轴的矢量投影对象。对于投影的点，可以在通过选中点垂直于与指定直线的直线上获得交点，如图 3-112 所示。

图 3-109 【投影曲线】对话框

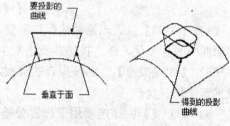

图 3-110 【沿面的法向】示意图

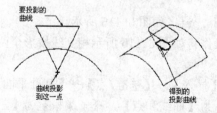

图 3-111 【朝向点】示意图

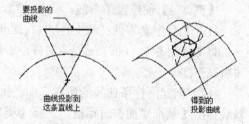

图 3-112 "朝向直线"示意图

> 【沿矢量】：该选项可沿指定矢量（该矢量是通过矢量构造器定义的）投影选中对象。可以在该矢量指示的单个方向上投影曲线，或者在两个方向上（指示的方向和它的反方向）投影，如图 3-113 所示。

> 【与矢量所成的角度】：该选项可将选中曲线按与指定矢量成指定角度的方向投影，该矢量是使用矢量构造器定义的。根据选择的角度值（向内的角度为负值），该投影可以相对于曲线的近似形心按向外或向内的角度生成。对于点的投影，该

选项不可用。如图 3-114 所示。

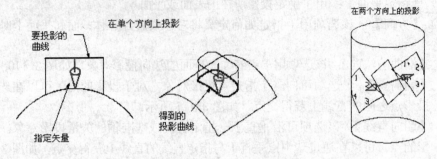

图 3-113 【沿矢量】示意图

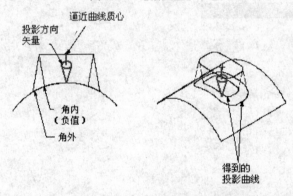

图 3-114 【与矢量所成的角度】示意图

（4）【关联】：表示原曲线保持不变，在投影面上生成与原曲线相关联的投影曲线，只要原曲线发生变化，随之投影曲线也发生变化。

（5）【曲线拟合】：曲线拟合的阶次，可以选择"三次"、"五次"或者"高级"，一般推荐使用三次。

（6）【公差】：该选项用于设置公差，其默认值是在建模预设置对话框中设置的。该公差值决定所投影的曲线与被投影曲线在投影面上的投影的相似程度。

【例 3-4】创建投影曲线。

打开光盘配套零件：源文件\3\ xiangjiao.prt，如图 3-115 所示。

将文件另存为 touying.prt 文件，本次操作将如图 3-115 所示相交线投影至两样条曲线所在平面。

（1）创建两样条曲线的所在平面。执行【插入】→【基准/点】→【基准平面】命令，系统弹出【基准平面】对话框，选择【类型】为【曲线和点】，【子类型】为【三点】，在两样条上取 3 个不同点即可构造一平面，如图 3-116 所示。完成创建后单击【取消】按钮退出平面构造器。

（2）执行【编辑】→【显示和隐藏】→【隐藏】命令，弹出【类选择】对话框，单击【类型过滤器】图标，弹出【根据类型选择】对话框，选择【实体】项，单击确定返回【类选择】对话框，单击【全选】图标，单击确定完成，结果如图 3-117 所示。

（3）执行【插入】→【来自曲线集的曲线】→【投影】命令，弹出如图 3-118 所示【投影曲线】话框。选择图 3-115 中的相交线为要投影的曲线，然后选取创建的平面。【投影方向】设置为【沿面的法向】，单击【确定】按钮完成操作，如图 3-119 所示。

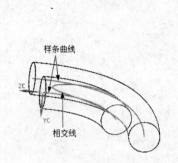

图 3-115 xiangjiao.prt 示意图

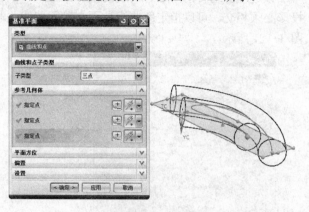

图 3-116 创建平面

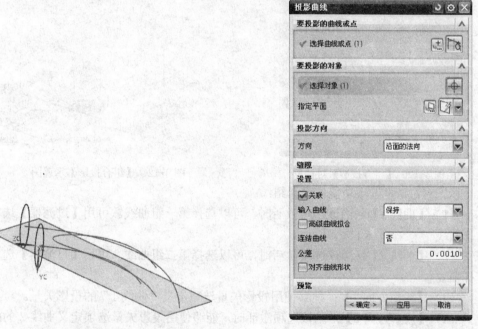

图 3-117 调整显示对象

图 3-118 【投影曲线】对话框

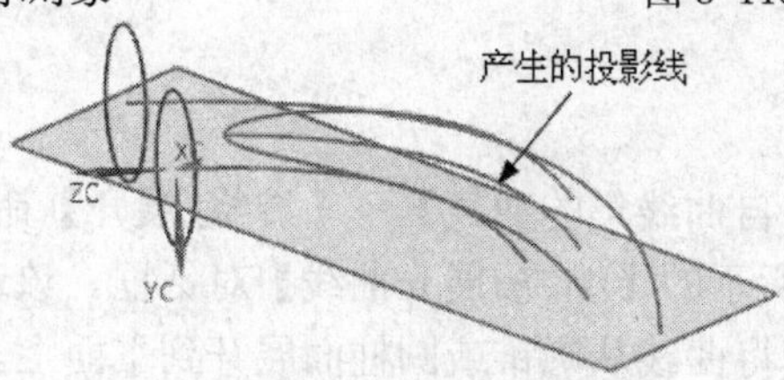

图 3-119 投影曲线

3.3.8 组合投影

执行【插入】→【来自曲线集的曲线】→【组合投影】命令或单击【组合曲线】图标 ，弹出如图 3-120 所示对话框。

　　该选项可组合两个已有曲线的投影，生成一条新的曲线。需要注意的是，这两个曲线投影必须相交。可以指定新曲线是否与输入曲线关联，以及将对输入曲线作哪些处理，如图3-121所示。

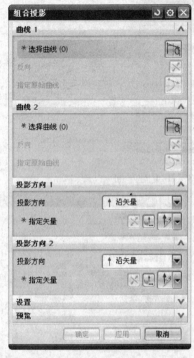

图3-120　【组合投影】对话框　　　　　　　图3-121　【组合投影】示意图

以下对对话框选项功能作一介绍：

　　（1）【曲线1】：当该选项激活时，可以选择第一组曲线。可用【过滤器】选项帮助选择曲线。

　　（2）【曲线2】：当该选项激活时，可以选择第二组曲线。可用【过滤器】选项帮助选择曲线。

　　（3）【投影方向1】：能够使用投影矢量选项定义"曲线1"的投影矢量。

　　（4）【投影方向2】：当该选项激活时，能够使用投影矢量选项定义曲线2的投影矢量。

3.3.9　缠绕/展开

　　执行【插入】→【来自曲线集的曲线】→【缠绕/展开】命令或单击【缠绕/展开】图标，弹出如图3-122所示的【缠绕/展开曲线】对话框。该选项可以将曲线从平面缠绕到圆锥或圆柱面上，或者将曲线从圆锥或圆柱面展开到平面上。输出曲线是3次B样条，并且与其输入曲线、定义面和定义平面相关。图3-123所示将一样条曲线缠绕到锥面上。

　　（1）类型

➤　【缠绕】：指定要缠绕曲线。

➤　【展开】：指定要展开曲线。

　　（2）【曲线】：选择要缠绕或展开的曲线。仅可以选择曲线、边或面。

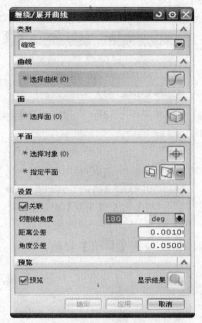

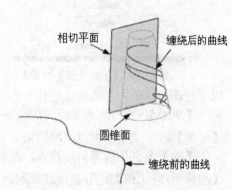

　　　　图 3-122　【缠绕/展开曲线】对话框　　　　　　图 3-123　【缠绕/展开】示意图

　　（3）【面】：可选择曲线将缠绕到或从其上展开的圆锥或圆柱面。可选择多个面。

　　（4）【平面】：可选择一个与缠绕面相切的基准平面或平面。仅选择基准面或仅选择面。

　　（5）【切割线角度】：该选项用于指定【切线】（一条假想直线，位于缠绕面和缠绕平面相遇的公共位置处。它是一条与圆锥或圆柱轴线共面的直线）绕圆锥或圆柱轴线旋转的角度（$0°\sim360°$之间），可以输入数字或表达式。

3.3.10　抽取

　　执行【插入】→【来自体的曲线】→【抽取】命令或单击【抽取曲线】图标，弹出如图 3-124 所示的【抽取曲线】对话框。该选项使用一个或多个已有体的边或面生成几何特征，如线、圆弧、二次曲线和样条。体不发生变化。大多数抽取曲线是非关联的，但也可选择生成相关的等斜度曲线或阴影外形曲线。

　　对话框中各选项功能如下：

　　（1）【边曲线】：用来沿一个或多个已有体的边生成曲线。每次选择一条所需的边，或使用菜单选择面上的所有边、体中的所有边、按名称或按成链选取边。

　　（2）【轮廓线】：用于从轮廓边缘生成曲线。用于生成体的外形（轮廓）曲线（直线，弯曲面在这些直线处从指向是视点变为远离视点）。选择所需体后，随即生成轮廓曲线，并提示选择其他体。生成的曲线是近似的，它由建模距离公差控制。工作视图中生成的轮廓曲线与视图相关。

　　（3）【完全在工作视图中】：用来生成所有的边曲线，包括工作视图中实体和片体可视边缘的任何轮廓。

　　（4）【等斜度曲线】：用于使用该选项沿面上给定的 U/V 参数生成曲线。选中该选项会弹出如图 3-125 所示的【矢量】对话框。根据系统提示指定一个参考矢量。单击确定弹出【等斜度角】对话框，如图 3-126 所示。

图 3-124 【抽取曲线】对话框　　　　　　　图 3-125 【矢量】对话框

以下对该对话框中各选项功能作一介绍：

➤ 【单个】：允许生成单个等斜度线。此时，需要设置【角度】参数。

【角度】：生成单个等斜度线的角度。

➤ 【族】允许生成等斜度线族。此时，需要设置一下参数：

【起始角/终止角】：等斜度线族起始和终止的角度。

【步长】：等斜度线族的每个曲线之间的增量。

【公差】：曲线的生成是近似的，由该选项控制，其默认值是【建模首选项】对话框中的距离公差。

➤ 【关联】：若打开该选项，等斜度线将与抽取这些线的面相关联。

图 3-127 显示了在球上生成的等斜度线，在离参考矢量 10° 和 40°的位置。可以看出角度与生成等斜度线的位置之间的关系。

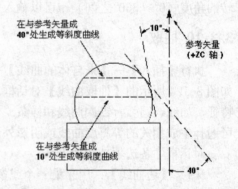

图 3-126 【等斜度角】对话框　　　　　　图 3-127 【等斜度线】示意图

（5）【阴影轮廓】：该选项可产生工作视图中显示的体的与视图相关的曲线的外形。但内部详细信息无法生成任何曲线，如图 3-128 所示。

【例 3-5】创建抽取曲线。

新建一 prt 文件 chouqu.prt，单位 mm，进入建模环境后：

（1）执行【插入】→【曲线】→【基本曲线】命令，选取 ⊙（圆）创建模式，选取坐标原点为圆心，创建一半径为 30mm 的圆。

（2）执行【插入】→【设计特征】→【回转】命令，选取刚创建的圆为旋转曲线，选取 ⓧⒸ▾为旋转轴，圆心点即为旋转原点。设置【开始角度】为 0，【结束角度】为 360，如图 3-129 所示。单击【确定】按钮即可完成球体的创建，如图 3-130 所示。

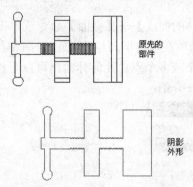

图 3-128　【阴影轮廓】示意图

图 3-129　球体的创建

图 3-130　生成球体

（3）完成球体沿 X 轴向南北 45° 及赤道曲线的抽取。执行【插入】→【来自体的曲线】→【抽取】命令，弹出【抽取曲线】对话框，在对话框中单击【等斜度曲线】按钮，弹出【矢量】对话框，设置【类型】为【与 XC 成一角度】，角度值为 45°，单击确定，弹出【等斜度角】对话框，设置按【族】方式抽取曲线，设置【起始角】为-90，【终止角】为90，【步长】为 45，如图 3-131 所示，单击【确定】按钮。系统会弹出【选择面】对话框，在绘图工作区选取球体表面，单击【确定】按钮即可完成抽取操作，如图 3-132 所示。

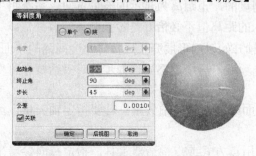

图 3-131　【等斜度角】设置

图 3-132　抽取曲线

3.3.11 截面

执行【插入】→【来自体的曲线】→【截面】命令或单击【截面曲线】图标，弹出如图 3-133 所示对话框。该选项在指定平面与体、面、平面和/或曲线之间生成相交几何体。平面与曲线之间相交生成一个或多个点。几何体输出可以是相关的，如图 3-134 所示。以下对对话框部分选项功能作一介绍：

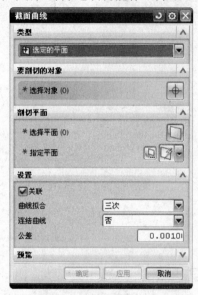

图 3-133 【截面曲线】对话框　　　　　　　图 3-134 【截面】示意图

（1）【选定的平面】：该选项用于指定单独平面或基准平面来作为截面。

➢ 　【要剖切的对象】：该选择步骤用来选择将被截取的对象。需要时，可以使用"过滤器"选项辅助选择所需对象。可以将过滤器选项设置为任意、体、面、曲线、平面或基准平面。

➢ 　【剖切平面】：该选择步骤用来选择已有平面或基准平面，或者使用平面子功能定义临时平面。需要注意的是，如果打开【关联输出】，则平面子功能不可用，此时必须选择已有平面。

（2）【平行平面】：该选项用于指定单独平面或基准平面来作为截面。如图 3-135所示）。其下的【选择步骤】分为：

➢ 　【步长】指定每个临时平行平面之间的相互距离。

➢ 　【起点】和【终点】是从基本平面测量的，正距离为显示的矢量方向。系统将生成适合指定限制的平面数。这些输入的距离值不必恰好是步长距离的偶数倍。

（3）【径向平面】：该选项从一条普通轴开始以扇形展开生成按等角度间隔的平面，以用于选中体、面和曲线的截取。当激活该选项后，再指定不同选择步骤时对话框在可变窗口区会变更为如图 3-136 所示。

➢ 【径向轴】：该选择步骤用来定义径向平面绕其选转的轴矢量。若要指定轴矢量，可使用【矢量方式】或矢量构造器工具。

➢ 【参考平面上的点】：该选择步骤通过使用点方式或点构造器工具，指定径向参考平面上的点。径向参考平面是包含该轴线和点的唯一平面。

➢ 【起点】表示相对于基平面的角度，径向面由此角度开始。按右手法则确定正方向。
限制角不必是步长角度的偶数倍。

➢ 【终点】表示相对于基础平面的角度，径向面在此角度处结束。

➢ 【步长】表示径向平面之间所需的夹角。

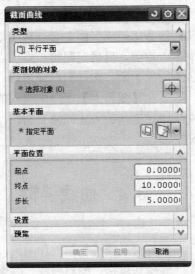

图 3-135　【平行平面】类型

（4）【垂直于曲线的平面】：该选项用于设定一个或一组与所选定曲线垂直的平面
作为截面。激活该选项后，可变窗口区会变更如图 3-137 所示。

图 3-136 【径向平面】类型

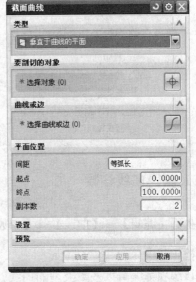

图 3-137 【垂直于曲线的平面】类型

➢ 【要剖切的对象】：其功能用法与前述相同。

➢ 【曲线或边】：该选择步骤用来选择沿其生成垂直平面的曲线或边。使用"过滤器"选项来辅助对象的选择。可以将过滤器设置为曲线或边、曲线或边。

➢ 【间距】：设置间距的方式有 5 种：

【等弧长】：沿曲线路径以等弧长方式间隔平面。必须在【数目】字段中输入截面平面的数目，以及平面相对于曲线全弧长的起始和终止位置的百分比值。

【等参数】：根据曲线的参数化法来间隔平面。必须在【数目】字段中输入截面平面的数目，以及平面相对于曲线参数长度的起始和终止位置的百分比值。

【几何级数】：根据几何级数比间隔平面。必须在【数目】字段中输入截面平面的数目，还须在【比例】字段中输入数值，以确定起始和终止点之间的平面间隔。

【弦公差】：根据弦公差间隔平面。选择曲线或边后，定义曲线段使线段上的点距线段端点连线的最大弦距离，等于在【弦公差】字段中输入的弦公差值。

【增量弧长】：以沿曲线路径递增的方式间隔平面。在【圆弧长】字段中输入值，在曲线上以递增弧长方式定义平面。

3.4　曲线编辑

当曲线创建之后，经常还需要对曲线进行修改和编辑，需要调整曲线的很多细节，本节主要介绍曲线编辑的操作。其操作包括：编辑曲线、编辑曲线参数、裁剪拐角、分割曲线、编辑圆角、拉伸曲线、光顺样条等操作，其命令功能集中在菜单【编辑】→【曲线】的子菜单及相应的工具栏下，如图 3-138 所示。

图 3-138　【曲线编辑】子菜单及工具栏

3.4.1　编辑曲线参数

执行【编辑】→【曲线】→【参数】命令或工具栏图标　，即可弹出如图 3-139 所示对话框。

该选项可编辑大多数类型的曲线。在编辑对话框中设置了相关项后，当选择了不同的对象类型系统会给出相应的提示对话框。

（1）【编辑直线】：当选择直线对象后会弹出如图 3-140 所示对话框。过该对话框设置改变直线的端点或它的参数（长度和角度）编辑它。

图 3-139 【编辑曲线参数】对话框　　　图 3-140 编辑【直线】对话框

（2）【编辑圆弧或圆】：当选择圆弧或圆对象后会弹出如图 3-141 所示对话框。

通过在对话条中输入新值或拖动滑尺改变圆弧或圆的参数。还可以把圆弧变成它的补弧。

（3）【编辑椭圆】：当选择椭圆对象后会弹出如图 3-142 所示对话框。该选项用于编辑一个或多个已有的椭圆。该选项和生成椭圆的操作几乎相同。用户最多可以选择 128 个椭圆。当选择多个椭圆时，最后选中的椭圆的值成为默认值。

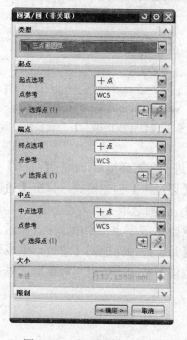

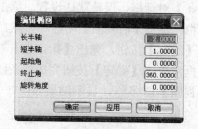

图 3-141 【圆弧/圆】对话框　　　图 3-142 【编辑椭圆】对话框

 提示

当改变椭圆的任何值时，所有相关联的制图对象都会自动更新。选择"应用"后，选择列表变空并且数值重设为零。"撤消"操作会把椭圆重设回它们的初始状态。

（4）【编辑样条】：当选择样条曲线对象后会弹出如图 3-143 所示对话框，各选项功能说明如下：

　　➢　【通过点】：该选项用于重新定义通过点，并提供预览。

　　➢　【根据极点】：该选项用于编辑样条的极点，并提供实时的图形反馈。选中该选项后系统会弹出如图 3-144 对话框。

　　　图 3-143　【通过点】方式参数设置　　　　　图 3-144　【根据极点】方式参数设置

【例 3-6】编辑曲线。

（1）新建一 prt 文件 yangtiao.prt，单位 mm，进入建模环境后，执行【插入】→【曲线】→【样条】命令，弹出【样条】对话框，选取【通过点】创建模式，弹出【通过点生成样条】对话框，保持默认设置，单击【确定】按钮，然后选取【点构造器】，弹出【点】对话框，单击【前视图】图标 ，然后在绘图区随意捕捉 5 个点，如图 3-145 所示。然后单击【确定】按钮，弹出【指定点】对话框，选择【是】选项，返回【通过点生成样条】对话框，单击【确定】按钮完成样条绘制，单击【取消】按钮即可退出对话框。单击【正二测视图】图标 ，显示结果如图 3-146 所示。

　　　　　图 3-145　捕捉点　　　　　　　　　　图 3-146　完成样条创建

（2）完成扫略导引线创建。执行【插入】→【曲线】→【基本曲线】命令，弹出【基本曲线】对话框，选取✓（直线）创建模式，选取样条一端端点，约束直线的创建方向为YC 轴。然后在浮动工具栏的长度文本框中输入 200mm 并按 Enter 键以确定，完成后如图 3-147 所示。单击【取消】按钮，退出对话框。

（3）完成扫略体创建。执行【插入】→【扫掠】→【沿引导线扫掠】命令，弹出【沿引导线扫略】对话框，依次选择截面样条，再选择直线作为引导线，单击【确定】按钮，完成后如图 3-148 所示。

图 3-147 引导引线的创建　　　　图 3-148 完成扫掠体创建

（4）进行样条曲线的编辑。执行【编辑】→【曲线】→【参数】命令，弹出【编辑曲线参数】对话框，选取已创建的样条曲线，弹出【艺术样条】对话框，进入点编辑模式，在绘图区中移动定义点，完成编辑后如图 3-149 所示。单击【确定】按钮，完成编辑工作并更新模型，如图 3-150 所示。

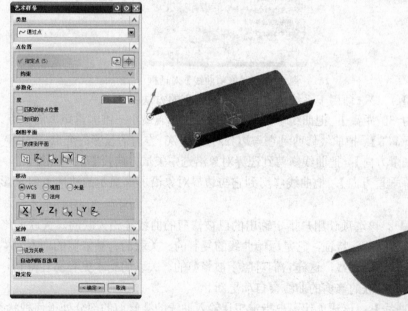

图 3-149 编辑样条　　　　图 3-150 完成编辑模型

3.4.2　修剪曲线

执行【编辑】→【曲线】→【修剪】命令或工具栏图标，弹出如图 3-151 所示【修剪曲线】对话框。该选项可以根据边界实体和选中进行修剪的曲线的分段来调整曲线的端点。可以修剪或延伸直线、圆弧、二次曲线或样条。以下就"修剪曲线"对话框中部分选项功能作一介绍：

（1）【要修剪的曲线】：此选项用于选择要修剪的一条或多条曲线（此步骤是必需的）。

（2）【边界对象1】：此选项让用户从工作区窗口中选择一串对象作为第一边界，沿着它修剪曲线。

（3）【边界对象2】：此选项让用户选择第二边界线串，沿着它修剪选中的曲线（此步骤是可选的）。

图 3-151 【修剪曲线】对话框

（4）【交点】：该选项用于系统确定找到对象相交的方法：

➤ 【最短的 3D 距离】：把曲线修剪到边界对象在标志最小三维测量距离的交点。

➤ 【相对于 WCS】：把曲线修剪到它与边界对象沿 ZC 方向的投影的交点。

➤ 【沿一矢量方向】：把曲线修剪到边界对象沿选中矢量方向投影的交点处。

➤ 【沿屏幕垂直方向】：把曲线修剪到它与边界对象沿屏幕显示的法向方向投影的
交点。

（5）【关联】：该选项让用户指定输出的已被修剪的曲线是相关联的。关联的修剪导致生成一个 TRIM_CURVE 特征，它是原始曲线的复制的、关联的、被修剪的副本。

原始曲线的线型改为虚线，这样它们对照于被修剪的、关联的副本更容易看得到。如果输入参数改变，则关联的修剪的曲线会自动更新。

（6）【输入曲线】：该选项让用户指定想让输入曲线的被修剪的部分处于何种状态。

➤ 【隐藏】：意味着输入曲线被渲染成不可见。

➤ 【保留】：意味着输入曲线不受修剪曲线操作的影响，被"保持"在它们的初始状态。

➤ 【删除】：意味着通过修剪曲线操作把输入曲线从模型中删除。

➤ 【替换】：意味着输入曲线被已修剪的曲线替换或"交换"。当使用"替换"时，
原始曲线的子特征成为已修剪曲线的子特征。

（7）【曲线延伸段】：如果正修剪一个要延伸到它的边界对象的样条，则可以选择

延伸的形状。这些选项是：

    ➢　【自然】：从样条的端点沿它的自然路径延伸它。

    ➢　【线性】：把样条从它的任一端点延伸到边界对象，样条的延伸部分是直线的。

    ➢　【圆形】：把样条从它的端点延伸到边界对象，样条的延伸部分是圆弧形的。

    ➢　【无】：对任何类型的曲线都不执行延伸。

（8）【修剪边界对象】：打开此选项导致系统不仅修剪【要修剪的线串】曲线的末端，还修剪边界对象。

（9）【保持选定边界对象】：该选项在执行【应用】后使边界对象保持被选中状态，这样如果想使用那些相同的边界对象修剪其他的线串时就不用再选中它们了。

（10）【自动选择递进】：自动选择修剪去想向前延伸。

修剪曲线示意图如图 3-152 所示。

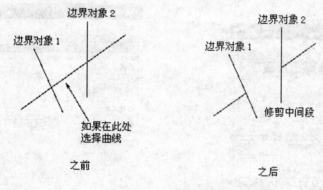

图 3-152　【修剪曲线】示意图

3.4.3　修剪拐角

执行【编辑】→【曲线】→【修剪拐角】命令或单击【修剪拐角】图标┼，即可弹出如图 3-153 所示对话框。该选项把两条曲线修剪到它们的交点，从而形成一个拐角。生成的拐角依附于选择的对象，如图 3-154 所示。

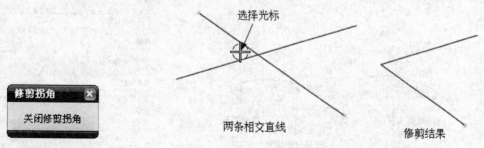

图 3-153　【修剪拐角】对话框　　　　　图 3-154　【修剪拐角】示意图

3.4.4　分割曲线

执行【编辑】→【曲线】→【分割曲线】命令或单击【分割曲线】图标╔，即可弹出如图 3-155 所示对话框。

该选项把曲线分割成一组同样的段（即，直线到直线，圆弧到圆弧）。每个生成的段是单独的实体并赋予和原先的曲线相同的线型。新的对象和原先的曲线放在同一层上。分割曲线有 5 种不同的方式：

（1）【等分段】：该选项使用曲线长度或特定的曲线参数把曲线分成相等的段。曲线参数取决于被分割曲线的类型（如直线、圆弧和样条等）。选中该类型后，会弹出如图 3-155 所示对话框，其中【分段长度】参数设置有两种情况：

> 【等参数】：该选项是根据曲线参数特征把曲线等分。曲线的参数随各种不同的曲线类型而变化。

> 【等弧长】：该选项根据选中的曲线被分割成等长度的单独曲线，各段的长度是通过把实际的曲线长度分成要求的段数计算出来的。

（2）【按边界对象】：该选项使用边界实体把曲线分成几段，边界实体可以是点、曲线、平面和/或面等。选中该类型后，会弹出如图 3-156 所示对话框。

图 3-155 【分割曲线】对话框

图 3-156 【按边界对象】对话框

（3）【弧长段数】：该选项是按照各段定义的弧长分割曲线（如图 3-157 所示）。选中该类型后，会弹出如图 3-158 所示对话框，要求输入分段弧长值，其后会显示分段数目和剩余部分弧长值。

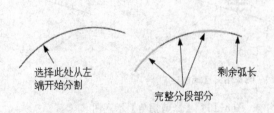

图 3-157 【弧长段数】分割示意图

图 3-158 【弧长段数】对话框

具体操作时，在靠近要开始分段的端点处选择该曲线。从选择的端点开始，系统沿着曲线测量输入的长度，并生成一段。从分段处的端点开始，系统再次测量长度并生成下一段。此过程不断重复直到到达曲线的另一个端点。生成的完整分段数目会在对话框中（如图 3-158）显示出来，此数目取决于曲线的总长和输入的各段的长度。曲线剩余部分的长度显示出来，作为部分段。

（4）【在结点处】：该选项使用选中的节点分割曲线，其中节点是指样条段的端点。选中该选项后会弹出上图 3-159 所示对话框，其各选项功能如下：

图 3-159　【在结点处】对话框

➤　【按结点号】：通过输入特定的结点号码分割样条。

➤　【选择结点】：通过用图形光标在结点附近指定一个位置来选择分割节点。当选择样条时会显示节点。

➤　【所有结点】：自动选择样条上的所有结点来分割曲线。

图 3-160 给出一个在结点处示意图。

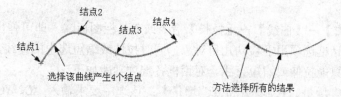

图 3-160　【在结点处】示意图

（5）【在拐角上】：该选项在角上分割样条，其中角是指样条折弯处（即，某样条段的终止方向不同于下一段的起始方向）的节点，如图 3-161 所示。

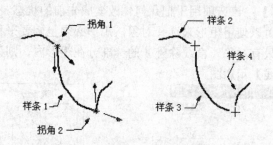

图 3-161　【在拐角上】示意图

要在角上分割曲线，首先要选择该样条。所有的角上都显示有星号。用和【在节点上】相同的方式选择角点。如果在选择的曲线上未找到角，则会显示如下错误信息：不能分割——没有角。

3.4.5　编辑圆角

执行【编辑】→【曲线】→【圆角】命令或工具栏图标 ，即可弹出如图 3-162 所示对话框，该对话框选项用于编辑已有的圆角。此选项类似于两个对象圆角的生成方法。在依次选择对象 1、圆角、对象 2 之后会弹出如图 3-163 所示对话框，各选项功能如下：

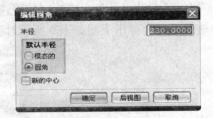

图 3-162　【编辑圆角】对话框　　　　　图 3-163　【编辑圆角】对话框

（1）【半径】：指定圆角的新的半径值。半径值默认为被选圆角的半径或用户最近指定的半径。

（2）【默认半径】

【圆角】：当每编辑一个圆角，半径值就默认为它的半径。

【模态的】：该选项用于使半径值保持恒定，直到输入新的半径或半径默认值被更改为【圆角】。

（3）【新的中心】：让用户选择是否指定新的近似中心点。

3.4.6 拉长曲线

执行【编辑】→【曲线】→【拉长】命令或工具栏图标，即可弹出如图 3-164 所示对话框，该对话框选项用于移动几何对象，同时拉伸或缩短选中的直线。可以移动大多数几何类型，但只能拉伸或缩短直线。对话框各选项功能如下：

（1）【XC 增量、YC 增量和 ZC 增量】：该选中要求输入 XC、YC 和 ZC 的增量。按这些增量值移动或拉伸几何体。

（2）【重置值】：该选项用于将上述增量值重设为零。

（3）【点到点】：该选项用于显示点构造器对话框让用户定义参考点和目标点。

（4）【撤销】：该选项用于把几何体改变成先前的状态。

具体操作时可以使用矩形来选择对象，矩形必须包围要平移的对象，以及要拉伸的直线的端点。如果只有对象（直线除外）的一部分在矩形内，则该对象不被选中。图 3-165 所示为【拉伸曲线】示意图。

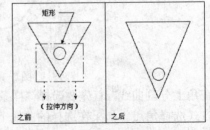

图 3-164　【拉长曲线】对话框　　　　　图 3-165　【拉长曲线】示意图

 提示

拉长曲线可用于除了草图、组、组件、体、面和边以外的所有几何类型。

3.4.7　编辑曲线长度

执行【编辑】→【曲线】→【长度】命令或工具栏图标，即可弹出如图 3-166 所示对话框，该对话框选项可以通过给定的圆弧增量或总弧长来修剪曲线，部分选项功能如下：

（1）【选择曲线】：选择要修剪或延伸的曲线。

（2）【长度】：设置曲线修剪或延伸的长度。

➢ 【全部】：此方式为利用曲线的总弧长来修剪它。总弧长是指沿着曲线的精确路径，从曲线的起点到终点的距离。

➢ 【增量】：此方式为利用给定的弧长增量来修剪曲线。弧长增量是指从初始曲线上修剪的长度。

（3）【侧】：设置曲线修剪或延伸的位置。

➢ 【起点和终点】：从圆弧的起始点与终点修剪或延伸它。

➢ 【对称】：从圆弧的起点和终点修剪和延伸它。

图 3-166　【曲线长度】对话框

（4）【方法】：该选项用于确定所选样条延伸的形状。选项有：

➢ 【自然】：从样条的端点沿它的自然路径延伸它。

➢ 【线性】：从任意一个端点延伸样条，它的延伸部分是线性的。

➢ 【圆的】：从样条的端点延伸它，它的延伸部分是圆弧的。

（5）【极限】：该选项用于输入一个值作为修剪掉的或延伸的圆弧的长度。

➢ 【开始】：起始端修建或延伸的圆弧的长度。

➢ 【结束】：终端修建或延伸的圆弧的长度。

用户既可以输入正值也可以输入负值作为弧长。输入正值时延伸曲线。输入负值则截断曲线。

3.4.8　光顺样条

执行【编辑】→【曲线】→【光顺样条】或单击【光顺样条】图标，打开如图 3-167 所示对话框。该对话框用于光顺样条曲线的曲率，使得样条曲线更加光顺。

下面介绍如图 3-167 所示对话框中主要参数的用法：

（1）【类型】

➢ 【曲率】：通过最小曲率值的大小来光顺样条曲线。

➢ 【曲率变化】通过最小整条曲线的曲率变化来

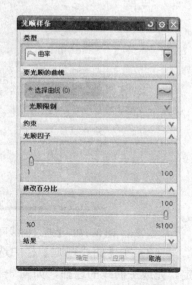

图 3-167　【光顺样条】对话框

光顺样条曲线。

（2）【要光顺的曲线】：选择要光顺的曲线。

（3）【约束】：用于选项在光顺样条的时候，对于线条起点和终点的约束。

3.5　综合实例——衣服模特

打开光盘配套零件：源文件\chapter_3\ mote.prt，如图 3-168 所示，在本实例（上衣模型）中综合运用了本章中有关曲线的操作及其编辑功能，使用户获得更为感性的认识。完成编辑操作后，模型如图 3-169 所示。

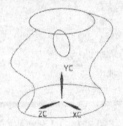

图 3-168　mote.prt 零件示意图

图 3-169　模型最终示意图

3.5.1　上衣成型

（1）执行【插入】→【网格曲面】→【通过曲线网格】命令，系统会弹出如图 3-170 所示【通过曲线组】对话框，此时提示栏要求选取主曲线。从工作绘图区拾取如图 3-171 所示的两条主曲线（注意：只是一侧曲线，并不是整个曲线环）。

图 3-170　【通过曲线网格】对话框

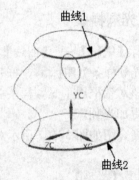

图 3-171　需要获取的主曲线串

（2）在【曲线规则】栏中选择【单条曲线】，每选择完一条曲线后单击鼠标中键确定。完成主曲线的选择，如图 3-172 所示。然后依次选取如图 3-173 所示交叉曲线，单击

【确定】按钮完成交叉曲线串的选择。

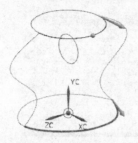

图 3-172 完成主曲线选取

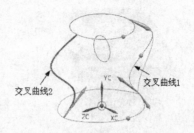

图 3-173 需要获取的交叉曲线

（3）保持上述对话框默认设置，单击【确定】按钮完成一侧上衣制作，如图 3-174 所示。

（4）单击工具栏上的【静态线框】图标 ，使模型以线框模式显示。将如图 3-175 所示曲线消隐，同时将先前的另一侧曲线显现出来。

图 3-174 完成步骤（4）后示意图

（5）执行【编辑】→【显示和隐藏】→【隐藏】命令，弹出【类选择】对话框，单击【类型过滤器】图标 ，选择【片体】，单击【全部选择】图标，选中所有曲面，单击确定将创建的曲面隐藏，结果如图 3-176 所示。

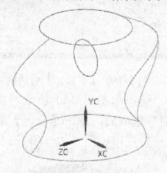

图 3-175　显示线框模式

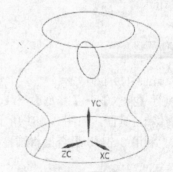

图 3-176　隐藏曲面

（6）采用相同的方法创建另一侧的片体，两侧片体目前不需要拼合，执行【编辑】→【显示和隐藏】→【全部显示】命令，对图形进行着色，完成后如图 3-177 所示。

（7）执行【插入】→【组合】→【缝合】命令，系统会弹出如图 3-178 所示【缝合】对话框，选择创建的上衣的一侧为目标片体，然后选取上衣的另一侧为工具片体，单击【确定】按钮完成上衣的缝合。

图 3-177 完成上衣创建

图 3-178 【缝合】对话框

3.5.2 袖口成型

（1）单击【静态线框】图标，将图形以线框模式显示。

（2）执行【插入】→【设计特征】→【拉伸】命令，系统会弹出【拉伸】对话框，选择图 3-179 中的圆弧，参数设置如图 3-179 所示。单击【确定】按钮完成实体拉伸。

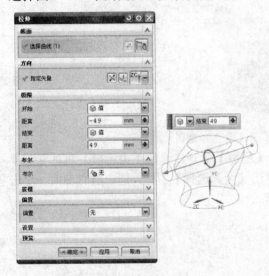

图 3-179 拉伸实体

图 3-180 【修剪体】对话框

（3）执行【插入】→【修剪】→【修剪体】命令，弹出如图 3-180 所示对话框，依次选取目标体和工具面，如图 3-181 所示。完成修剪对象选取后，单击【反向】选项。完成修剪操作。利用 Ctrl+B 组合键将圆柱体消隐掉。完成后模型如图 3-182 所示。

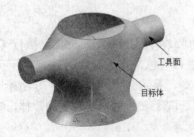

图 3-181 选择裁剪对象

图 3-182 完成袖口制作

3.5.3 领口编辑

（1）单击【右视图】图标 ，将图形以右视图显示。

（2）执行【编辑】→【曲线】→【参数】命令，系统会弹出【编辑曲线参数】对话框，如图 3-183 所示。选取图 3-184 所示待编辑曲线。系统弹出【艺术样条】对话框，如图 3-185 所示。

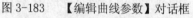

图 3-183　【编辑曲线参数】对话框

图 3-184　选取待编辑曲线

（3）在【艺术样条】对话框中，将【制图平面】设置为 YZ 面，【移动】设置为【视图】，绘图区添加点，如图 3-186 所示。

图 3-185 【艺术样条】对话框

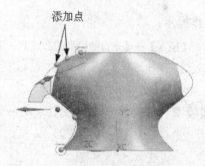

添加点

图 3-186　添加点

（4）在绘图区中调整曲线，使得领口突出显示如图 3-187 所示。然后连续单击【确定】按钮，完成样条曲线的编辑。结果如图 3-188 所示。

（5）同步骤（2）～（4），完成另一侧领口曲线编辑。模型编辑完成后如图 3-189 所示。

图 3-187　调整点位置

图 3-188　左侧编辑完成

（6）利用 Ctrl+B 组合键将所有的曲线类型消隐掉，单击【正二测视图】图标 ，最后模型如图 3-190 所示。

图 3-189 完成领口编辑后示意图

图 3-190 模型最终示意图

实验 1 打开光盘附带源文件\ 3\exercise\book_03_01.prt，完成图 3-191 所示曲线的桥接操作。

图 3-191 实验 1

操作提示：

（1）【插入】→【来自曲线集的曲线】→【桥接】命令，并调整"相切模量"。

（2）详细操作见本章 3.3.3 节。

实验 2 打开光盘附带源文件\ 3\exercise\book_03_02.prt，生成如图 3-192 所示缠绕曲线。

操作提示：

（1）执行【插入】→【来自曲线集的曲线】→【缠绕/展开曲线】命令，并设置好辅助切平面 g。

（2）详细操作见本章 3.3.7 小节。

图 3-192 实验 2

图 3-193 实验 3

实验 3 打开光盘附带文件：源文件\ 3\\exercise\book_03_03.prt,生成如图 3-193 所示管状片体：

操作提示:

（1）执行【插入】→【曲线】→【螺旋】命令，并调整参数。

（2）调整坐标系生成圆环截面线，设置"建模预设置"中的体类型。

（3）执行【插入】→【扫掠】→【沿引导线扫掠】命令。

1．如何分析如图 3-194 所示样条曲线？

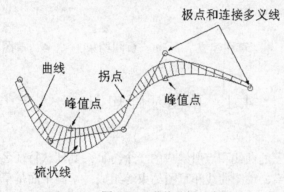

图 3-194　曲线分析示意图

2．从点文件中生成样条曲线，UG 各种功能中点文件有何要求？

3．对于具有一定规律的曲线（例如有一定的公式规律），如何创建？

4．如何创建不具有相关性的投影曲线？

5．在编辑样条时，光顺操作对样条曲线有何要求？

第4章 UG NX8.0草图设计

☞ 本章导读

草图（Sketch）是 UG 建模中建立参数化模型的一个重要工具。通常情况下，用户的三维设计应该从草图设计开始，通过 UG 中提供的草图功能建立各种基本曲线，对曲线进行几何约束和尺寸约束，然后对二维草图进行拉伸、旋转或者扫掠就可以很方便地生成三维实体。此后模型的编辑修改，主要在相应的草图中完成后即可更新模型。

✌ 内容要点

♣ 草图基础知识　　♣ 草图建立　　♣ 草图约束　　♣ 草图操作

4.1　草图基础知识

草图是位于指定平面上的曲线和点所组成的一个特征，其默认特征名为：SKETCH。草图由草图平面、草图坐标系、草图曲线和草图约束等组成；草图平面是草图曲线所在的平面，草图坐标系的 XY 平面即为草图平面，草图坐标系由用户在建立草图是确定。一个模型中可以包含多个草图，每一个草图都有一个名称，系统通过草图名称对草图及其对象进行引用的。

在【建模】模块中执行【插入】→【任务环境中的草图】命令，进入草图环境，如图 4-1 所示。

使用草图可以实现对曲线的参数化控制，可以很方便进行模型的修改，草图可以用于以下几个方面：

（1）需要对图形进行参数化时。

（2）用草图来建立通过标准成型特征无法实现的形状。

（3）将草图作为自由形状特征的控制线。

（4）如果形状可以用拉伸、旋转或沿导引线扫描的方法建立，可将草图作为模型的基础特征。

4.1.1 作为特征的草图

生成草图之后，它将被视为有多个操作的一个特征。可以对草图进行以下操作：

删除草图：需要注意的是本方法也会选中参考该草图的特征（即其子特征）一起删除。

抑制草图：需要注意的是本方法也会选中参考该草图的特征（即其子特征）一起抑制。

重新附着草图：可以将草图附着到不同的平面或基准平面，而不是它生成时的面上。

移动草图：可以使用【编辑】→【特征】→【移动】与移动特征相同的方式来移动草图。

草图重排序：可以使用【编辑】→【特征】→【重排序】操作来对草图进行重新排序。

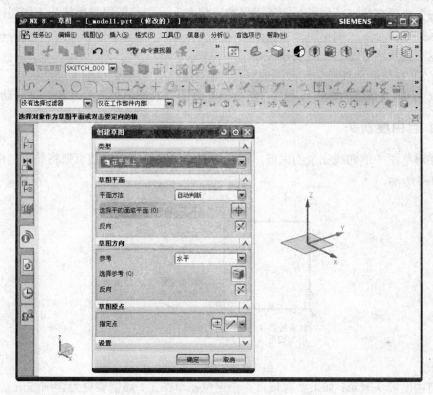

图 4-1　"草图"工作环境

4.1.2　草图的激活

虽然可以在一个部件中创建多个草图，但是每次只能激活一个草图。要使草图处于激活状态，可以在部件导航器中选中指定的草图名称，右击后,在弹出的菜单中选择编辑(⌥)图标或者直接双击草图名称；也可在草图工具栏中（如图 4-2 所示）选择草图名称。在草图激活时生成的任一几何体都会被添加到该草图。若要使指定草图不激活，可以在该工具栏中的下拉列表中与其他草图切换，或者单击【完成草图】图标⚑退出草图工作环境。

图 4-2　"草图"工具栏

草图必须位于基准平面或平表面上。如果指定了的草图是在工作坐标系平面（XC-YC、YC-ZC 或 ZC-XC）上，则将生成固定的基准平面和两个基准轴。

4.1.3　草图和层

UG 中与层相关的草图操作是这样规定的：确保不会在激活的草图中跨过多个层错误地构造几何体。草图和层的交互操作规则如下：

（1）如果选中了一个草图，并使其成为激活的草图，草图所在的层将自动成为工作层。

（2）如果取消草图的激活状态，草图层的状态将由【草图首选项】对话框的【保持层状态】选项来决定：如果关闭了"保持层状态"，则草图层将保持为工作层；如果打开了"保持层状态"，则草图层将恢复到原先的状态（即激活草图之前的状态），工作层状态则返回到激活草图之前的工作层。

（3）如果将曲线添加到激活的草图，它们将自动移动到草图的同一层。

（4）取消草图的激活状态后，所有不在草图层的几何体和尺寸都会被移动到草图层。

4.1.4 自由度箭头

在对草图中的曲线完全约束前，在草图曲线线段的某些控制点处将显示自由度箭头，如图 4-3 所示。

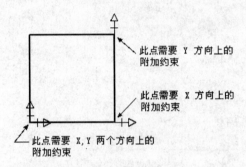

图 4-3 自由度箭头示意图

自由度箭头表示：如果要将该点完全定位在草图上，还需要更为详细的信息。如图 4-3 所示，如果在点的 Y 方向上显示了一个自由度箭头，则需要在 Y 方向上对点进行约束。当用户添加约束并对草图进行求值计算时，相应的自由度箭头将被删除。但是，自由度箭头的数目并不代表完全限制草图所需的约束数目，添加一个约束可以删除多个自由度箭头。

4.1.5 草图中的颜色

"草图"中的颜色有特殊定义，这有助于识别草图中的元素。表 4-1、表 4-2 显示了系统默认颜色的含义。

表 4-1 草图中常用的颜色

选项	功能
青色	默认情况下，作为草图组成部分的曲线被设置为青色
绿色	默认情况下，不是草图组成部分曲线被设置为绿色。不会与其他尺寸约束发生矛盾的草图尺寸也被设置为绿色
黄色	草图几何体以及与其相关联的任一尺寸约束，如果是过约束的，则将被设置为黄色
粉红色	如果系统发现各约束尺寸之间存在矛盾，则发生矛盾的尺寸将由绿色更改为粉红色，草图几何体将被更改为灰色。表明：对于当前给定的约束，将无法解算草图
白色	使用转换为参考的/激活的命令后由激活转换为参考的尺寸，将由绿色更改为白色
灰色	使用转换为参考的/激活的命令后激活转换为参考的草图几何体，将更改为灰色、双点画线

表 4-2　草图约束条件的颜色

	草图曲线	草图尺寸
全约束和欠约束	青色	绿色
过约束	黄色	黄色
冲突约束	灰色	粉红色
参考对象	灰色	白色
激活	青色	绿色

　　草图中的各项默认设置值可以通过"首选项"菜单来自定义，也可以通过【文件】→【实用工具】→【用户默认设置】。中的各项设置来制定，如图 4-4 所示。

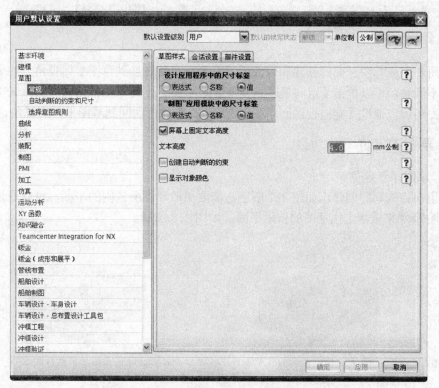

图 4-4　"用户默认设置"草图管理面板

4.2　草图建立

　　执行【插入】→【任务环境中的草图】命令后，系统进入草图工作环境，弹出【创建草图】对话框，如图 4-5 所示。草图工具栏如图 4-6 所示。

　　　　图 4-5 【创建草图】对话框　　　　　　　　图 4-6 【草图生成器】工具栏

4.2.1 草图的视角

　　当用户完成草图平面的创建和修改后，系统会自动转换到草图平面视角。如果用户对该视角不满意，可以单击【定向视图到模型】图标 ），使草图视角恢复到原来基本建模的视角。还可以通过【定向视图到草图】图标 ，可以再次回到草图平面的视角。

4.2.2 草图的定位

　　1. 草图重新定位

　　当用户完成草图创建，如图 4-7 所示，需要更改草图所依附的平面，可以通过【重新附着】图标 来重新定位草图的依附平面，如图 4-8 所示。

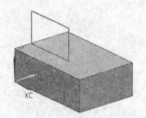 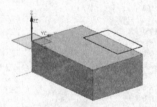

　　　　　图 4-7 原草图平面　　　　　　　　图 4-8 【重新附着】后草图平面

　　2. 定位草图

　　在完成草图平面的选择后，用户可以通过定位草图来固定草图在指定平面的位置。单击【创建定位尺寸】图标 ，会弹出如图 4-9 和图 4-10 所示对话框，来定位草图实体边缘或者基准面等。

　　　图 4-9 【定位】对话框　　　　　　　图 4-10【创建表达式】对话框

以下对【定位】对话框中各选项功能作一介绍：

【水平】：该选项用于使"水平"尺寸与水平参考相对齐，或与竖直参考成 90º，在两点之间生成一个与水平参考对齐的定位尺寸（如图 4-11 所示）。

【竖直】：该选项用于使一个"竖直"尺寸与竖直参考相对齐，或是与水平参考成 90º，在两点之间生成一个与竖直参考对齐的定位尺寸，如图 4-12 所示。

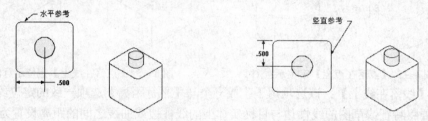

图 4-11 【水平的】定位示意图　　　　　　　　图 4-12 【竖直】定位示意图

【平行】：该选项用于生成一个约束两点（例如，已有的点、实体端点、圆心点或弧切点）之间距离的定位尺寸，此距离沿平行于工作平面方向测量，如图 4-13 所示。

【垂直】：该选项用于生成一个定位尺寸来约束目标实体上一条边与特征或草图上一个点之间的垂直距离，如图 4-14 所示。

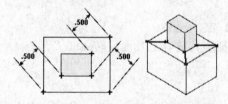
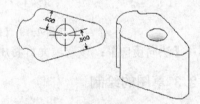

图 4-13 【平行】定位示意图　　　　　　　　图 4-14 【垂直】定位示意图

【按一定距离平行】：该选项用于生成一个定位尺寸，该定位尺寸约束特征或草图上的一条线性边与目标实体上的一条线性边（或任何已有曲线，在或不在目标实体上），使它们互相平行并保持一个固定的距离，该约束仅仅将特征或草图上的点锁定到目标实体的边上，如图 4-15 所示。

【成角度】：该选项用于在成给定角的一条特征线性边与一条线性参考边/曲线之间生成一个定位约束尺寸，如图 4-16 所示。

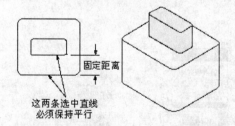
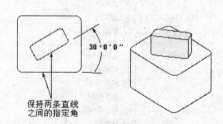

图 4-15 【按一定距离平行】定位示意图　　　　图 4-16 【成角度】定位示意图

【点落在点上】：该选项用于生成一个与【平行】选项相同的定位尺寸，但是两点之间的固定距离设置为零，如图 4-17 所示。

该定位尺寸可以使特征或草图移动，以至于它的选中点移动到目标实体的选中点上。

【点落在线上】：该选项用于生成一个与【垂直的】选项相同的定位约束尺寸，但是边或曲线与点之间的距离设置为零，如图 4-18 所示，该约束仅仅将特征或草图上的点锁定到目标实体的边上。

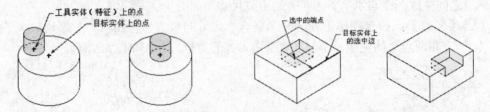

图 4-17 【点落在点上】定位示意图　　　　图 4-18 【点落在线上】定位示意图

【线落在线上】：该选项用于生成一个与【平行距离】选项一致的定位约束尺寸。但是，要将特征或草图的线性边与目标实体上的线性边或曲线之间的距离设置为零，该约束仅仅将特征或草图上的边锁定到目标实体的边或曲线上，如图 4-19 所示。

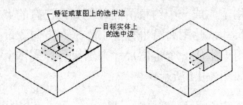

图 4-19 【线落在线上】定位示意图

【法向反向】：该选项允许将用户定义特征绕其放置工具面反转 180°。

4.2.3 草图的绘制

进入草图工作环境后，在工具栏上会出现如图 4-20 所示工具栏，其相关命令也可以在【插入】→【曲线】子菜单中找到，如图 4-20 所示，以下就常用的绘图命令作一介绍：

【轮廓】：该工具可以连续绘制直线和圆弧，按住鼠标左键不放，可以在直线和圆弧之间切换。

【直线】：该工具用于绘制直线，和基本建模环境下的操作方法类似，还可以在**坐标**输入和长度、角度输入间的切换，如图 4-21 所示。

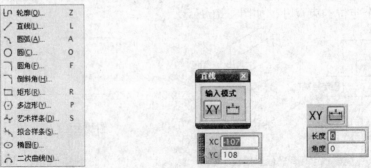

图 4-20 曲线子菜单　　　　　　图 4-21 【直线】功能切换

【圆弧】：该工具用于绘制圆弧，和基本建模环境下的操作方法类似，可以在多种功能间切换，如图 4-22 所示。

【圆】：该工具用于绘制圆，和基本建模环境下的操作方法类似，可以在多种功能间切换（如图 4-23 所示）。

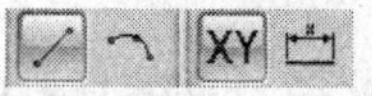

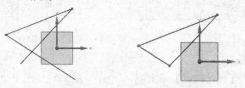

图 4-22　【圆弧】创建功能 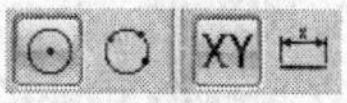　　　　　图 4-23　【圆】创建功能

┗【派生直线】：该工具在选择一条或多条直线之后，系统会自动生成其平行线或者角平分线等。

┗【快速修剪】：该工具可以对草图中的对象进行快速删除，可以单个点击删除对象，也可以由拖动鼠标生成的曲线将要删除的对象一并删除。这是自 UG NX2.0 新增的功能，是非常便捷的修剪工具，如图 4-24 所示。

图 4-24　修剪前和修剪后示意图

┗【快速延伸】：该工具可以快速延伸直线、圆弧到和另一曲线相交的位置。

┗【圆角】：通过该工具可以依次选取两条曲线，就可以在曲线间进行倒圆角，并且可以动态修改圆角半径。

┗【矩形】：该工具提供选择对角、三点、中心点和拐角三种不同的方式来建立长方形，并可以动态调整。

┗【艺术样条】：该工具和基本建模环境操作基本一样。

┗【样条】：该工具和基本建模环境操作基本一样。

┼【点】/┼【关联点】：该工具可以使用户在激活的草图内生成普通的点和智能的或是称之为“关联”的。对于关联点而言，关联点与生成它们的草图具有相同的时间标记。当关联点生成之后，其 X、Y、Z 值的表达式就会自动生成，用户可以在【表达式】对话框中，编辑关联点的表达式。所有采用更晚的时间标记生成的草图都可以参考这一关联点，可以从【约束】对话框中选择关联点，并将其用于尺寸和几何约束。预选过程中，关联点和非关联点在状态栏中显示的文字描述是不同的。例如非关联点的显示，“点 :Vertex1”，关联点则显示为“智能点:Vertex1”。

◉【椭圆】/◭【一般二次曲线】：该工具用于生成椭圆和基本建模环境操作基本一样。对于【一般二次曲线】的生成，与基本建模环境中【插入】→【曲线】→【一般二次曲线】中的 2 点、顶点 Rho 选项效果相同。

4.3　草图约束

约束能够用于精确地控制草图中的对象。草图约束有两种类型：尺寸约束（也称之为草图尺寸）和几何约束。

尺寸约束建立起草图对象的大小（如直线的长度、圆弧的半径等）或是两个对象之间的关系（如两点之间的距离）。尺寸约束看上去更像是图纸上的尺寸。如图 4-25 所示为一带有尺寸约束的草图示例。

几何约束建立起草图对象的几何特性（如要求某一直线具有固定长度）或是两个或更多草图对象的关系类型（如要求两条直线垂直或平行，或是几个弧具有相同的半径）。在图形区无法看到几何约束，但是用户可以使用【显示/删除约束】显示有关信息，并显示代表这些约束的直观标记（如图 4-26 所示的水平标记➡️和垂直标记▢）。

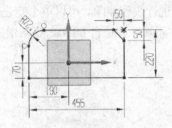 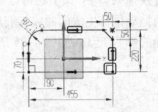

图 4-25 【尺寸约束】示意图   图 4-26 【几何约束】示意图

4.3.1 建立尺寸约束

建立草图尺寸约束是限制草图几何对象的大小和形状，也就是在草图上标注草图尺寸，并设置尺寸标注线，与此同时再建立相应的表达式，以便在后续的编辑工作中实现尺寸的参数化驱动。进入草图工作环境后，系统工具栏中会弹出如图 4-27 所示工具栏，其相关命令也可以在草图环境下的【插入】→【尺寸】子菜单中找到（如图 4-28 所示）。

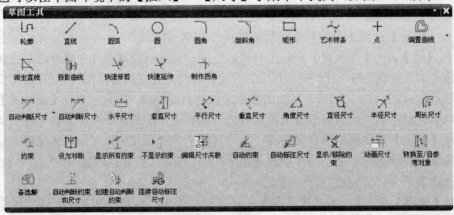

图 4-27 【草图工具】工具栏

图 4-28 【尺寸】子菜单

在生成尺寸约束时，用户可以选择草图曲线、边、基准平面或基准轴上的点，以生成水平、竖直、平行、垂直和角度尺寸。

生成尺寸约束时，系统会生成一个表达式，其名称和值显示在一弹出的对话框文本区域中，如图 4-29 所示，用户可以接着编辑该表达式的名和值。

生成尺寸约束时，只要选中了几何体，其尺寸及其延伸线和箭头就会全部显示出来。将尺寸拖动到位，然后按下鼠标左键。完成尺寸约束后，用户还可以随时更改尺寸约束。只需在图形区选中该值双击，然后可以使用生成过程所采用的同一方式，编辑其名称、值或位置。同时用户还可以使用【动画模拟】功能，在一个指定的范围中，显示动态地改变表达式之值的效果。

以下对主要尺寸约束选项功能作一介绍：

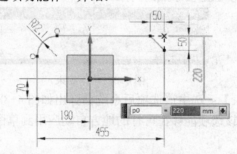

图 4-29 【尺寸约束编辑】示意图

【自动判断尺寸】：使用该选项，在选择几何体后，由系统自动根据所选择的对象搜寻合适尺寸类型进行匹配。

【水平尺寸】：用于指定与约束两点间距离的与 XC 轴平行的尺寸（也就是草图的水平参考）。

【竖直尺寸】：用于指定与约束两点间距离的与 YC 轴平行的尺寸（也就是草图的竖直参考）。

【平行尺寸】：用于指定平行于两个端点的尺寸。平行尺寸限制两点之间的最短距离，如图 4-30 所示。

【垂直尺寸】：用于指定直线和所选草图对象端点之间的垂直尺寸，测量到该直线的垂直距离，如图 4-31 所示。

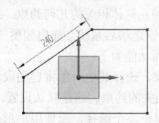

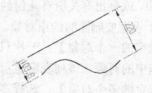

图 4-30 【平行】约束示意图   图 4-31 【垂直】约束示意图

【角度尺寸】：用于指定两条线之间的角度尺寸。相对于工作坐标系按照逆时针方向测量角度。

【直径尺寸】：用于为草图的弧/圆指定直径尺寸。

【半径尺寸】：用于为草图的弧/圆指定半径尺寸。

　　　【周长尺寸】：用于将所选的草图轮廓曲线的总长度限制为一个需要的值。可以选择周长约束的曲线是直线和弧。

4.3.2　建立几何约束

　　使用几何约束，可以指定草图对象必须遵守的条件，或是草图对象之间必须维持的关系。几何约束工具均在【草图工具】工具栏中，如图 4-27 所示，其主要几何约束选项功能如下：

　　（1）　【约束】：用于激活手动约束设置，选中该选项后，依次选择需要添加几何约束对象后，系统会弹出如图 4-32 所示工具栏，不同的对象提示栏中会有不同的选项，用户可以在其上点击图标以确定要添加的约束。

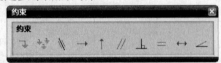

图 4-32　几何约束

　　（2）　【自动约束】：选中该选项后系统会弹出如图 4-33 所示对话框，用于设置系统自动要添加的约束。该选项能够在可行的地方自动应用到草图的几何约束的类型。对话框相关选项功能如下：

　　【全部设置】：选中所有约束类型。

　　【全部清除】：清除所有约束类型。

　　【公差】

　　➢　【距离公差】：用于控制对象端点的距离必须达到的接近程度才能重合。

　　➢　【角度公差】：用于控制系统要应用水平、竖直、平行或垂直约束，直线必须达到的接近程度。

　　当将几何体添加到激活的草图时，尤其是当几何体是由其他 CAD 系统导入时。该选项功能会特别有用。

　　（3）　【显示所有约束】：用于打开所有的约束类型。

　　（4）　【不显示约束】（与【显示所有约束】图标　类似，但颜色较淡）：用于消隐所有的约束类型。

　　（5）　【显示/移除约束】：用于显示与所选草图几何体相关的几何约束。还可以删除指定的约束，或列出有关所有几何约束的信息。选中该选项后系统会弹出如图 4-34 所示对话框，用于设置要删除的约束对象。对话框相关选项功能如下：

　　➢　【选定的一个对象】：一次只能选择一个对象。选择其他对象将自动取消选择以前选中的对象。该列表窗显示了与所选对象相关的约束。这是默认设置。

　　➢　【选定的多个对象】：选择多个对象，方法是：逐个选择，或使用矩形选择方式同时选中。选择其他对象不会取消选择以前选中的对象。列表窗列出了与全部选中对象相关的约束。

　　➢　【活动草图中的所有对像】：显示激活的草图中的所有约束。

　　【约束类型】：用于过滤在列表框中显示的约束类型。

　　【包含】：该选项用于确定指定的【约束类型】是列表框中显示的唯一类型，是默认设置。

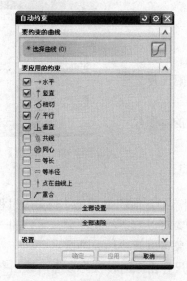

图 4-33 【自动约束】对话框　　图 4-34 【显示/移除约束】对话框

【排除】：用于确定指定的【约束类型】是列表框中不显示的唯一类型。

【显示约束】：用于控制在"约束列表窗"中出现的约束的显示。包含三种类型：

➢ 　【Eplicit】：对于由用户显式生成的约束。

➢ 　【自动推断的】：对于曲线生成过程中由系统自动生成的约束。

➢ 　【两者皆是】：具备以上二者。

【约束列表窗】：用于列出选中的草图几何体的几何约束。该列表受控于显示约束选项的设置。"自动推断的"的几何约束（即在曲线生成过程中由系统自动生成）在后面括号内带有"I"符号，即"(I)"。

【列表窗步骤箭头】：用于控制位于约束列表框右侧的"步骤"箭头，可以上、下移列表中高亮显示的约束，一次一项。与当前选中的约束相关联的对象将始终高亮显示在图形区。

【移除高亮显示的】：用于删除一个或多个约束，方法是：在约束列表窗中选择他们，然后选择该选项。

【移除所列的】：用于删除在约束列表窗中显示的所有列出的约束。

【信息】：在"信息"窗口中显示有关激活的草图的所有几何约束信息。如果用户要保存或打印出约束信息，该选项很有用。

4.3.3 动画尺寸

【动画尺寸】 ：用于在一个指定的范围中，动态显示使给定尺寸发生变化的效果。

受这一选定尺寸影响的任一几何体也将同时被模拟。【动画尺寸】不会更改草图尺寸。动画模拟完成之后，草图会恢复到原先的状态。选中该选项后系统会弹出如图 4-35 所示对话框，相关选项功能如下：

【尺寸列表窗】：列出可以模拟的尺寸。

【值】：当前所选尺寸的值（动画模拟过程中不会发生变化）。

【下限】：动画模拟过程中该尺寸的最小值。

【上限】：动画模拟过程中该尺寸的最大值。

【步数/循环】：当尺寸值由上限移动到下限（反之亦然）时所变化（等于大小/增量）的次数。

【显示尺寸】：在动画模拟过程中显示原先的草图尺寸（该选项可选）。

图 4-35 【动画】对话框

4.3.4 转换至/自参考对象

【转换至/自参考对象】 ：该选项在给草图添加几何约束和尺寸约束的过程中，有时会引起约束冲突，删除多余的几何约束和尺寸约束可以解决约束冲突，另外的一种办法就是通过将草图几何对象或尺寸对象转换为参考对象可以解决约束冲突。

该选项能够将草图曲线（但不是点）或草图尺寸由激活转换为参考，或由参考转换回激活。参考尺寸显示在用户的草图中，虽然其值被更新，但是它不能控制草图几何体。显示参考曲线，但它的显示已变灰，并且采用双点画线线型。在拉伸或回转草图时，没有用到它的参考曲线。

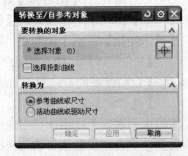

选中该选项后系统会弹出如图 4-36 对话框，相关选项功能如下：

【参考曲线或尺寸】：用于将激活对象转换为参考状态。

图 4-36 【转换至/自参考对象】对话框

【活动曲线或驱动尺寸】：用于将参考对象转换为激活状态。

4.3.5 备选解

【备选解】 ：当约束一个草图对象时，同一约束可能存在多种求解结果，采用另解（也译作替换求解）则可以由一个解更换到另一个。

图 4-37 显示了当将两个圆约束为相切时，同一选择如何产生两个不同的解。两个解都是合法的，而"备选解"可以用于指定正确的解。

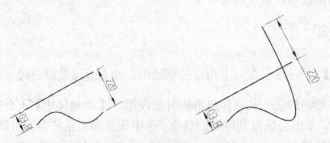

图 4-37 【备选解】示意图

4.4　草图操作

建立草图之后，可以对草图进行很多操作，包括镜像、拖动等命令。

4.4.1　镜像

该选项通过草图中现有的任一条直线来镜像草图几何体。执行【插入】→【来自曲线集的曲线】命令或单击【镜像曲线】图标 ，系统会弹出如图 4-38 所示对话框。其部分选项功能介绍如下：

【选择对象】：用于选择将被镜像的曲线。

【中心线】：用于选择一条已有直线作为镜像操作的中心线（在镜像操作过程中，该直线将成为参考直线）。

图 4-38　【镜像曲线】对话框

4.4.2　拖动

当用户在草图中选择了尺寸或曲线后，待鼠标变成 ⊕ 后，即可以在图形区域中拖动它们，可以更改草图。在欠约束的草图中，可以拖动尺寸和欠约束对象。在完全约束的草图中，可以拖动尺寸，但不能拖动对象。用户可以一次选中并拖动多个对象，但必须单独选中每个尺寸并加以拖动。图 4-39 所示为拖动一顶点和一直线的示意图，在进行拖动操作时，与顶点相连的对象是不被分开的。

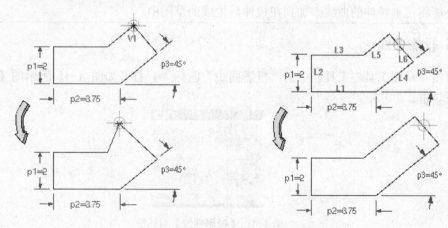

图 4-39　拖动点和线段操作示意图

4.4.3 偏置曲线

　　该选项可以在草图中关联性地偏置抽取的曲线。生成偏置约束。修改原先的曲线，将会更新抽取的曲线和偏置曲线。执行【插入】→【来自曲线集的曲线】命令或单击【偏置曲线】图标💿，弹出如图 4-40 所示对话框。

　　该选项可以在草图中关联性地偏置抽取的曲线。关联性地偏置曲线指的是：如果修改了原先的曲线，将会相应地更新抽取的曲线和偏置曲线。被偏置的曲线都是单个样条，并且是几何约束。

　　以下对【偏置曲线】对话框中主要功能作一介绍，其中大部分功能与基本建模中的曲线偏置功能类似：

> 　　【距离】：偏置**输入曲线**的平面中的曲线。
> 　　【反向】：以指定距离偏置曲线，该曲线位于与输入曲线的平面平行的平面中。由一个平面符号标识出偏置曲线所在的平面。

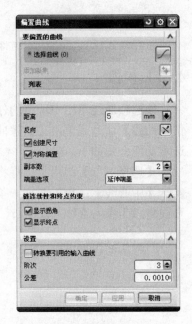

图 4-40 【偏置曲线】对话框

4.4.4 添加现有曲线

　　【添加现有曲线】👫：用于将绝大多数已有的曲线和点，以及椭圆、抛物线和双曲线等二次曲线添加到当前草图。该选项只是简单地将曲线添加到草图，而不会将约束应用于添加的曲线，几何体之间的间隙没有闭合。要使系统应用某些几何约束，可使用【自动约束】功能。

　　另外，不能采用该选项将【构造的】或【关联的】曲线添加到草图。应该使用【添加抽取对象】（也译作【投影曲线】🗂）选项来代替。

 提示

不能将已被拉伸的曲线添加到在拉伸后生成的草图中。

4.4.5 投影曲线

　　单击"草图工具"工具栏中的"投影曲线"图标🗂，打开如图 4-41 所示的【投影曲线】对话框。

图 4-41 【投影曲线】对话框

该选项用于将选中的对象沿草图平面的法向投影到草图的平面上。通过选择草图外部的对象，可以生成抽取的曲线或线串。能够抽取的对象包括：曲线（关联或非关联的）、边、面、其他草图或草图内的曲线、点。

由关联曲线抽取的线串将维持与原先几何体的关联性连接。如果修改了原先的曲线，草图中抽取的线串也将更新；如果原先的曲线被抑制，抽取的线串还是会在草图中保持可见状态；如果选中了面，则它的边会自动被选中，以便进行抽取。如果更改了面及其边的拓扑结构，抽取的线串也将更新。对边的数目的增加或减少，也会反映在抽取的线串中。

 提示

对象的创建时间必须早于草图。即，可以先生成，也可以进行重新排序。

4.4.6　重新附着

单击"草图工具栏"上的图标 ，用户可以将草图附着到不同的平表面或基准平面，而不是刚创建时生成它时的面。上述操作在【草图的定位】中以讲述过，此处从略。

4.4.7　草图更新

草图环境下执行【工具】→【更新】→【更新模型】命令或单击【更新模型】图标 ，用于更新模型，以反映对草图所作的更改。如果没有要进行的更新，则此选项是不可用的。如果存在要进行的更新，而且用户退出了"草图工具"对话框，则系统会自动更新模型。

4.4.8　删除与抑制草图

在 UG 中草图是实体造型的特征，删除草图的方法可有以下几种方式：

【编辑】→【删除】或是在【部件导航器】中右击鼠标在弹出的菜单中【删除】，此方法删除草图时，如果草图在部件导航器特征树中有子特征，则只会删除与其相关的特征，不会删除草图。

【编辑】→【特征】→【删除特征】，此方法在删除草图同时也会将与草图相关的特征一并删除。

选择【编辑】→【特征】→【抑制特征】，即可抑制草图，不过在抑制草图的同时，也将抑制与草图相关的特征。

4.5　综合实例——拨叉草图

（1）执行【文件】→【新建】命令，或者在工具栏中单击【新建】图标 ，打开【新建】对话框，在"模板"列表框中选择【模型】，输入"caotu"，单击【确定】按钮，进入 UG 主界面。

（2）执行【首选项】→【草图】，弹出如图 4-42 所示的【草图首选项】对话框。根据需要进行设置。单击【确定】按钮，草图预设置完毕。

（3）执行【插入】→【任务环境中的草图】，或者单击"特征"中的图标，进入 UG NX8.0 草图绘制界面。选择 XC-YC 平面作为工作平面。

（4）执行【插入】→【曲线】→【直线】命令，或者单击【直线】图标，打开【直线】绘图工具栏。选择坐标模式绘制直线，在"XC"和"YC"文本框中分别输入-15，0。在"长度"和"角度"文本框中分别输入 110，0，结果如图 4-43 所示。

同理，按照 XC、YC、长度和角度的顺序，分别绘制 0，80，100，270；76，80，100，270 的两条直线。

（5）执行【插入】→【基准/点】→【点】命令，或单击【点】图标，弹出【草图点】对话框，输入点坐标为 40，20，0，完成点的创建。

（6）执行【插入】→【曲线】→【直线】，或单击【直线】图标，打开"直线"绘图工具栏。绘制一条通过基准点且与水平直线成 60° 角长度为 70 的直线，如图 4-44 所示。

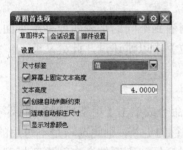

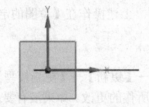

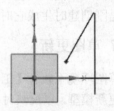

图 4-42 【草图首选项】对话框　　图 4-43 绘制水平线　　图 4-44 绘制 60° 角度线

（7）单击【快速延伸】图标，将 60° 角度线延伸到水平线，结果如图 4-45 所示。

（8）执行【插入】→【约束】命令，或者在【草图约束】工具栏单击图标。对如图 4-45 所示的草图中的所有直线添加约束，如图 4-46 所示。

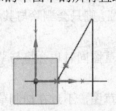

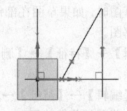

图 4-45 延长直线　　　　　　　图 4-46 选择直线

（9）选择所有的草图对象。把鼠标放在其中一个草图对象上，单击鼠标右键，打开如图 4-47 所示的快捷菜单。在快捷菜单中单击【编辑显示】选项，打开如图 4-48 所示的【编辑对象显示】对话框。

在如图 4-48 所示的对话框的【线型】下拉列表框中选择中心线，在【宽度】的下拉列表框中选择细线。单击对话框中的【确定】按钮，则所选草图对象发生变化，如图 4-49 所示。

（10）执行【插入】→【曲线】→【圆】命令，或者在工具栏中单击【圆】图标，打开【圆】工具栏。单击图标，选择【圆心和直径定圆】方式绘制圆。在"选择杆"工

具栏选中 ⼈ 图标。分别捕捉两竖直直线和水平直线的交点为圆心，绘制直径为 12 的圆，如图 4-50 所示。

图 4-47　快捷菜单

图 4-48　【编辑对象显示】对话框

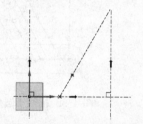

图 4-49　编辑对象显示后的草图

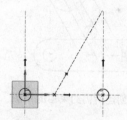

图 4-50　创建圆

（11）执行【插入】→【曲线】→【圆弧】命令，或单击【圆弧】图标 ，打开【圆弧】工具栏。单击 图标，分别按照圆心，半径、扫描角度的顺序分别以上步创建的圆心为圆心，创建半径为 14，扫描角度为 180° 的两圆弧，如图 4-51 所示。

（12）执行【插入】→【来自曲线集的曲线】→【派生直线】命令，或单击【派生直线】图标 ，分别将斜中心线分别向左右偏移 6，结果如图 4-52 所示。

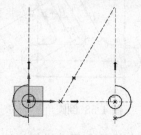

图 4-51　绘制圆弧

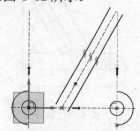

图 4-52　绘制派生的直线

（13）执行【插入】→【曲线】→【圆】命令，或者单击【圆】图标○，打开【圆】绘图工具栏，先以先前创建的基准点为圆心绘制直径为 12 的圆，然后在适当的位置绘制直径为 12 和 28 的同心圆。如图 4-53 所示。

（14）执行【插入】→【曲线】→【直线】命令，或单击【直线】图标╱，打开【直线】绘图工具栏，分别绘制直径为 28 的切线，如图 4-54 所示。

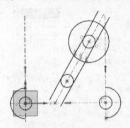
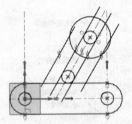

图 4-53　绘制圆　　　　　　　　　　　　　　图 4-54　绘制切线

（15）执行【插入】→【约束】命令，或者在工具栏中单击【约束】图标⊥。创建所需约束后的草图如图 4-55 所示。

（16）单击工具栏中的自动判断尺寸命令，对两小圆之间的距离进行尺寸修改，使其两圆之间的距离为 40，如图 4-56 所示。

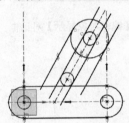
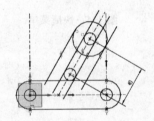

图 4-55　创建所需约束后的草图　　　　　　　　图 4-56　标注小圆尺寸

（17）执行【编辑】→【曲线】→【快速修剪】命令，或者在工具栏中单击┺图标，修剪不需要的曲线。修剪后的草图如图 4-57 所示。

（18）执行【插入】→【曲线】→【圆角】命令，或单击【圆角】图标┐，对左边的斜直线和直线进行倒圆角，圆角半径为 10，然后再对右边的斜直线和直线进行倒圆角，圆角半径为 5，结果如图 4-58 所示。

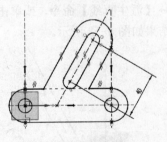
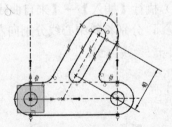

图 4-57　修剪草图　　　　　　　　　　　　　图 4-58　倒圆角

（19）单击工具栏中的自动判断尺寸命令，对图中的各个尺寸进行标注，如图 4-59

所示。

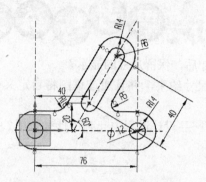

图 4-59 标注尺寸后的草图

实验 1　在草图中完成下列正五边形的绘制，如图 4-60 所示。

操作提示：

（1）任意绘制 5 条线段。

（2）添加尺寸约束和几何约束，完成绘制。

实验 2　在草图中完成下列曲线的绘制，如图 4-61 所示。

操作提示：

（1）大致绘制出左侧轮廓外形。

（2）进行尺寸约束和几何约束。

（3）镜像曲线

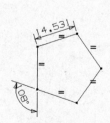

图 4-60 实验 1

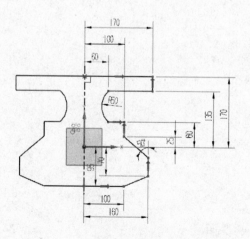

图 4-61 实验 2

1．如何在退出草图设计后，保留尺寸的显示？

2．如何在草图中进行尺寸约束，并且通过草图将自定义变量写进表达式变量设计表中？

3．草图设计在 UG 几何产品设计过程中起到了什么作用？为什么要尽可能地利用草图进行零件的设计？

第5章 UG NX8.0 表达式

☞ 本章导读

　　表达式（Expression）是 UG 的一个工具，可用在多个模块中。通过算术和条件表达式，用户可以控制部件的特性，如控制部件中特征或对象的尺寸。表达式是参数化设计的重要工具，通过表达式不但可以控制部件中特征与特征之间、对象与对象之间、特征与对象之间的相互尺寸与位置关系，而且可以控制装配中的部件与部件之间的尺寸与位置关系。

✌ 内容要点

　　♣ 表达式综述　　♣ 表达式语言　　♣ 表达式对话框　　♣ 部件间的表达式

5.1　表达式综述

　　表达式是可以用来控制部件特性的算术或条件语句。它可以定义和控制模型的许多尺寸，如特征或草图的尺寸。表达式在参数化设计中是十分有意义的，它可以用来控制同一个零件上的不同特征之间的关系或者一个装配中不同的零件关系。举一个最简单的例子，如果一个立方体的高度可以用它与长度的关系来表达，那么当立方体的长度变化时，则其高度也随之自动更新。

　　表达式是定义关系的语句。所有的表达式都有一个赋给表达式左侧的值（一个可能有、也可能没有小数部分的数）。表达式关系式包括表达式等式的左侧和右侧部分（即 a = b + c 形式）。要得出该值，系统就计算表达式的右侧，它可以是算术语句或条件语句。表达式的左侧必须是一个单个的变量。

　　在表达式关系式的左侧，a 是 a=b+c 中的表达式变量。表达式的左侧也是此表达式的名称。在表达式的右侧，b+c 是 a=b+c 中的表达式字符串，如图 5-1 所示。

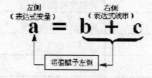

图 5-1 表达式关系式示意图

　　在创建表达式时必须注意以下几点：

　　（1）表达式左侧必须是一个简单变量，等式右侧是一个数学语句或一条件语句。

　　（2）所有表达式均有一个值（实数或整数），该值被赋给表达式的左侧变量。

　　（3）表达式等式的右侧可以是含有变量、数字、运算符和符号的组合或常数。

5.2　表达式语言

5.2.1　变量名

变量名是字母数字型的字符串，但这些字符串必须以一个字母开头。变量名中也可以使用下划线"＿"。请记住表达式是区分大小写的，因此变量名"X1"不同于"x1"。

所有的表达式名（表达式的左侧）也是变量，必须遵循变量名的所有约定。所有变量在用于其他表达式之前，必须以表达式名的形式出现。

5.2.2　运算符

在表达式语言中可能会用到几种运算符。UG 表达式运算符分为算术运算符、关系及逻辑运算符，与其他计算机书中介绍的内容相同。

5.2.3　内置函数

当建立表达式时，可以使用任一 UG 的内置函数，表 5-1 和表 5-2 列出了部分 UG 的内置函数，它可以分为两类：一类是数学函数，另一类是单位转换函数。

表 5-1 数字函数

函数名	函数表示	函数意义	备注
abs	$abs(x)=||$	绝对值函数	结果为弧度
asin	$asin(x)$	反正弦函数	结果为弧度
acos	$acos(x)$	反余弦函数	结果为弧度
atan(x)	$atan(x)$	反正切函数	结果为弧度
atan2	$atan2(x, y)$	反余切函数	$atan(x/y)$，结果为弧度
sin	$sin(x)$	正弦函数	X 为角度度数
cos	$cos(x)$	余弦函数	X 为角度度数
tan	$tan(x)$	正切函数	X 为角度度数
sinh	$sinh(x)$	双曲正弦函数	X 为角度度数
cosh	$cosh(x)$	双曲余弦函数	X 为角度度数
tanh	$tanh(x)$	双曲正切函数	X 为角度度数
rad	$rad(x)$	将弧度转换为角度	
deg	$deg(x)$	将角度转换为弧度	
Radians			
Angle2Vectors			
log	$log(x)$	自然对数	$log(x) = ln(x) = loge(x)$
log10	$log10(x)$	常用对数	$log10(x)=lg(x)$
exp	$exp(x)$	指数	ex

（续）

函数名	函数表示	函数意义	备注
fact	fact(x)	阶乘	x!
sqrt	sqrt(x)	平方根	
hypot	hypot(x, y)	直角三角形斜边	=sqrt（x^2+y^2）
ceiling	ceiling(x)	大于或等于 x 的最小整数	
floor	floor(x)	小于或等于 x 的最大整数	
max	max(x)		
min	min(x)		
trnc	trnc(x)	取整	
pi	pi()	圆周率 π	返回 3.14159265358979
mod	mod（x, y）		
Equal	Equal（x, y）		
xor			
dist			
round	round(x)		
ug_excel_read			

表 5-2 单位转换函数

函数名	函数表示	函数意义
cm	cm(x)	将厘米转换成部件文件的默认单位
ft	ft(x)	将英尺转换成部件文件的默认单位
grd	grd(x)	将梯度转换成角度度数
In	In(x)	将英寸转换成部件文件的默认单位
km	km(x)	将千米转换成部件文件的默认单位
mc	mc(x)	将微米转换成部件文件的默认单位
min	min(x)	将角度分转换成度数
ml	ml(x)	将千分之一英寸转换成部件文件的默认单位
mm	mm(x)	将毫米转换成部件文件的默认单位
mtr	mtr(x)	将米转换成部件文件的默认单位
sec	sec(x)	将角度秒分转换成度数
yd	yd(x)	将码转换成部件文件的默认单位

5.2.4 条件表达式

表达式可分为三类：数学表达式，条件表达式，几何表达式。数学表达式很简单，也就是我们平常用数学的方法，利用上面提到的运算符和内置函数等，对表达式等式左端进行定义。如：我们对 p2 进行赋值，其数学表达式可以表达为：p2=p5+p3。

条件表达式可以通过使用以下语法的 if/else 结构生成：

$$VAR = if\ (expr1)\ (expr2)\ else\ (expr3)$$

表示的含义是：如果表达式 expr1 成立，则变量取 expr2 的值，否则表达式 expr1 不成立，则变量取 expr3 的值。

例如：width = if (length<10) (5) else (8)

即如果长度小于 10，宽度将是 5；如果长度大于或等于 10，宽度将是 8。

5.2.5 表达式中的注释

在实际注释前使用双正斜线"//"可以在表达式中生成注释。双正斜线表示让系统忽略它后面的内容。注释一直持续到该行的末端。如果注释与表达式在同一行，则需先写表达式内容。例如：

length = 2*width //comment   有效

//comment// width'0 = 5   无效

5.2.6 几何表达式

UG 中几何表达式是一类特殊的表达式。引用某些几何特性为定义特征参数的约束。一般用于定义曲线（或实体边）的长度，两点（或两个对象）之间的最小距离或者两条直线（或圆弧）之间的角度。

通常，几何表达式是被引用在其他表达式中参与表达式的计算，从而建立其他非几何表达式与被引用的几何表达式之间的相关关系。当几何表达式所代表的长度、距离或角度等变化时，引用该几何表达式的非几何表达式的值也会改变。

几何表达式的类型有：

（1）距离表达式：一个基于在两个对象，一个点和一个对象，或两个点间最小距离的表达式。

（2）长度表达式：一个基于曲线或边缘长度的表达式。

（3）角度表达式：一个基于在两条直线，一个弧和一条线，或两个圆弧间的角度的表达式。

几何表达式如下：

p2=length(20)

p3=distance(22)

p4=angle(25)

5.3   表达式对话框

要在部件文件中编辑表达式，执行【工具】→【表达式】命令，系统会弹出如图 5-2 所示对话框。对话框提供一个当前部件中表达式的列表、编辑表达式的各种选项和控制与其他部件中表达式链接的选项。

图 5-2 【表达式】对话框

5.3.1 列出的表达式

【列出的表达式】选项定义了在表达式对话框中的表达式。用户可以从下拉式菜单中选择一种方式列出表达式，如图 5-3 所示有下列可以选择的方式：

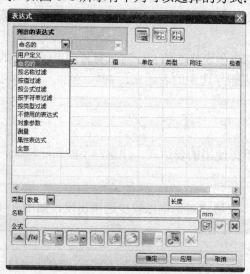

图 5-3 列出的表达式选项

- ➢ 【用户定义】：列出了用户通过对话框创建的表达式。
- ➢ 【命名的】：列出用户创建和那些没有创建只是重命名的表达式。包括了系统自动生成的名字如 p0 或 p5。
- ➢ 【按名称过滤】：列出名字和过滤器中匹配的表达式。
- ➢ 【按值过滤】：列出值和过滤器中匹配的表达式。
- ➢ 【按公式过滤】：列出公式和过滤器中匹配的表达式。

> ➢ 【按字符串过滤】：列出字符和过滤器中匹配的表达式。
> ➢ 【按类型过滤】：没有被任何特征或其他表达式引用的表达式。
> ➢ 【不使用的表达式】：列出和所选特征相符的表达式。
> ➢ 【对象参数】：列出零件中的所有表达式。
> ➢ 【全部】：列出所有表达式。

5.3.2 按钮功能

表达式对话框中的按钮功能介绍如下：

f(x)（函数）：可以在公式栏中光标所在处插入函数到表达式中。

（测量距离）：图形显示窗口中对象由用户表达式公式得到的测量值。这是一个下拉菜单式的按钮，有多种测量值包括：测量距离、测量长度、测量角度、测量体积、测量面积等。

（引用部件属性）：列出作业中可用的部件。一旦选择了部件以后，便引用了部件的属性。

（创建部件间的引用）：列出作业中可用的部件。一旦选择了部件以后，便列出了该部件中的所有表达式。

（编辑部件间引用）：控制从一个部件文件到其他部件中的表达式的外部参考。选择该选项将显示包含所有部件列表的对话框，这些部件包含工作部件涉及到的表达式。

（打开引用的文件）：使用它可以打开任何作业中部分载入的部件。常用于进行大规模加工操作。

（刷新来自外部电子表格的值）：对来自外部电子表格的值进行刷新处理。

（删除）：允许删除选中的表达式。

 提示

系统会自动删除不再使用的表达式。注意，不能删除特征、草图和装配条件等使用到的表达式。

（更少选项）：表达式对话框以较少选项出现，如图5-4所示。

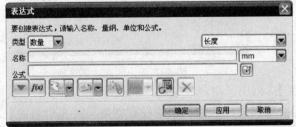

图 5-4 较少选项的表达式

5.3.3 公式选项

【名称】：可以给一个新的表达式命名，重新命名一个已经存在的表达式。表达式命名要符合前面提到的规则。

【公式】：可以编辑一个在表达式列表框中选中的表达式，也可给新的表达式输入公式，还可给部件间的表达式创建引用。

【量纲】：指定一个新表达式的量纲，但不可以改变已经存在的表达式的量纲，它是一个下拉式可选项，如图 5-5 所示。

【单位】：对于选定的量纲，指定相应的单位，如图 5-6 右图所示。

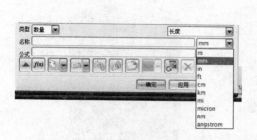

图 5-5 公式选项中的量纲   图 5-6 公式选项中的单位

☑ 【接受编辑】：在创建一个新的或编辑一个已经存在的表达式时，自动激活。单击图标接受创建或者修改，并更新表达式列表框。

☒ 【拒绝编辑】：删除选定或者将要创建的名称和公式。

【例 5-1】创建和建立表达式。

（1）建立和编辑表达式。

1）执行【文件】→【打开】命令，打开光盘中的【yuanzhuti.prt】文件，如图 5-7 所示。

2）执行【文件】→【另存为】命令，文件名为：【biaodashi.prt】。

3）执行【工具】→【表达式】命令或按快捷键 Ctrl+E 后，弹出【表达式】对话框。在绘图区中选择图 5-7 所示的圆柱体，则在【表达式】对话框的列表中显示圆柱体的表达式，如图 5-8 所示。

图 5-7 创建圆柱腔体   图 5-8 【表达式】对话框

4）在对话框列表中单击选择第一个 p7 的表达式。它的名称与表达式的值列在对话框公式选项栏中。将 p7 名称改为"height",如图 5-9 所示。在公式对应的栏目中,将原来为 20 的值,修改为 50,单击接受编辑按钮☑。同理,将 p9 表达式的值修改为 height。则此时的表达式列表栏如图 5-8 所示。单击【应用】,则零件被更新,如图 5-10 所示。

图 5-9 重命名   图 5-10 更新后的模型示意图

(2)设置两个表达式之间的相互关系。在表达式列表栏中选择名称为 p6 的表达式,用上述方法将其重命名为"diameter"。并把原来的公式修改为:"2*height",单击接受编辑按钮☑,则此时表达式列表栏如图 5-11 所示。单击对话框底部的【应用】按钮,则实体模型被更新,如图 5-12 所示。

(3)对表达式添加注解。在用户自己输入表达式时添加注解,可以解释每个表达式的意义或者目的。

对表达式添加注解,有两种方式都可以对表达式添加注解,以名称为"diameter"的表达式为例。

图 5-11 创建直径与高度的相关性   图 5-12 更新后的模型

1)在表达式列表栏中左键单击选中它,在对话框下部公式栏对应的表达式后,添加双正斜线"//"，并在它的后面加上注释内容：延伸圆柱体，如图 5-13 所示。

2）在表达式列表栏中右键单击选项，弹出菜单如图 5-14 所示，选择【编辑注释】，弹出【附注】对话框，将注释内容修改为【external diameter of cylinder】，如图 5-15 所示，单击【确定】按钮。此时的对话框也如图 5-16 所示。

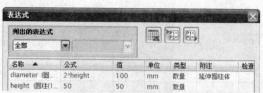

图 5-13　添加注释语句

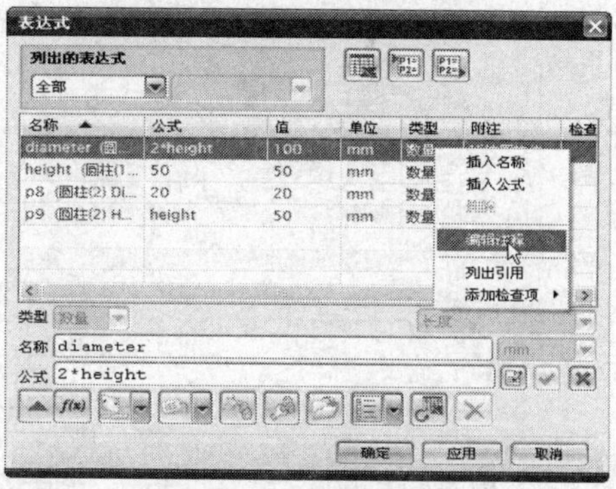

图 5-14　快捷菜单

图 5-15　【附注】对话框

图 5-16　修改注释语句

（4）建立条件表达式。

1）选取名称为"diameter"的表达式，在表达式对话框下部的公式栏中，修改原来的数学表达式为条件表达式，语句为：

if (height>100) (100) else (2*height)　　// external diameter of cylinder

其含义为：当高度（height）大于 100 时，直径（diameter）的值固定为 100，当高度小于 100 时，直径的值为高度的两倍。单击接受编辑按钮，此时的对话框如图 5-17 所示。

2）在表达式列表栏中选中名称为"height"的表达式，修改它的表达式，使得它的值为 200，单击接受编辑按钮，再单击对话框底部的【应用】按钮，则实体模型被更新，如图 5-18 所示。此时直径（diameter）的值为 100。

图 5-17　修改表达式

图 5-18　更新后的模型示意图

3）如果修改"height"表达式，使得它的值为70（如图5-19所示），单击接受编辑按钮，再单击【应用】按钮，则更新后的实体模型如图5-20所示。此时直径（diameter）为140。

图5-19　编辑 height 为70

图5-20 更新后的模型

5.4　部件间表达式

5.4.1　部件间表达式设置

部件间的表达式(Interpart Expressions)，用于装配和组件零件中。使用部件间表达式（IPEs），可以建立组件间的关系，这样一个部件的表达式可以根据另一个部件的表达式进行定义。为配合另一组件的孔而设计的一个组件中的销，可以使用与该孔参数相关联的参数，当编辑孔时，该组件中的销也能自动更新。

要使用部件间的表达式，还要进行如下设置：

（1）执行【文件】→【实用工具】→【用户默认设置】命令，弹出【用户默认设置】对话框。

（2）在左边的栏目内，选择【装配】→【部件间建模】。选择【是，但不在命令内】和【允许提升体】，如图5-21所示。单击【确定】按钮完成设置。

5.4.2　部件间表达式格式

部件间表达式与普通表达式的区别，就是在部件间的表达式变量的前面添加了部件名称。格式为：

部件1_名：：表达式名＝部件2_名：：表达式名

例如，表达式：

hole_dia = pin::diameter+tolerance

将局部表达式"hole_dia"与部件"pin"中的表达式"diameter"联系起来。

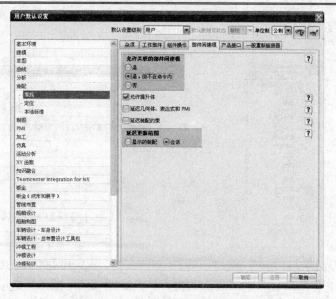

图 5-21 【用户默认设置】对话框

 提示

在 "：："字符的前后不能有空格。

【例 5-2】创建部件间表达式。

（1）打开光盘文件：源文件\ 5\part1 和 part2 及 part3。如图 5-22a、b 所示。装配完成如图 5-22c 所示。

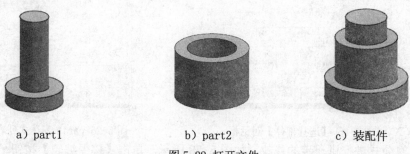

a）part1   b）part2   c）装配件

图 5-22 打开文件

（2）在装配件"part3"中，执行【开始】→【所有应用模块】→【建模】命令，进入建模环境。在"装配导航器"中右键单击"part1"，弹出快捷菜单，选中【设为工作部件】，如图 5-23 所示。

（3）执行【工具】→【表达式】命令或按快捷键 Ctrl+E 后，弹出【表达式】对话框。选择名称为 p1 的表达式，如图 5-24 所示。

（4）单击表达式对话框中的【创建部件间引用】按钮，弹出如图 5-25 所示【选择部件】对话框，选择"part2"零件，单击【确定】按钮。

图 5-23 装配导航器快捷菜单命令　　　　　　　　图 5-24 选取表达式 p1

（5）系统打开"part2"的"表达式列表"，如图 5-26 所示。选取所需表达式"p0＝15"，单击【确定】按钮完成选取，此时的表达式 p0 的值如图 5-27 所示。

图 5-25 【选择部件】对话框　　　　　　　　图 5-26 part2 表达式列表

（6）对公式进行进一步的修改，如图 5-28 所示。单击【接受编辑】按钮✅，完成创建。再单击【应用】按钮，更新后的模型，如图 5-29 所示。此时的表达式对话框中，p1 表达式的值为 30，如图 5-30 所示。

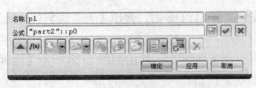
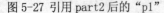

图 5-27 引用 part2 后的"p1"　　　　　　　　图 5-28 编辑 p1

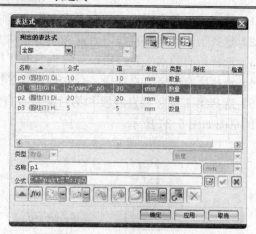

图 5-29 更新后的模型

图 5-30 编辑后表达式 p1 值

5.5 综合实例——端盖草图

（1）启动 UG NX 8.0，选择【文件】→【新建】，或者点击图标□，选择模型类型，创建新部件，文件名为 duangai，进入建立模型模块。

（2）执行【首选项】→【草图】命令，弹出【草图首选项】对话框，单击【草图样式】选项卡，将【尺寸标签】设置为【表达式】，【文本高度】设置为 5。取消【连续自动标注尺寸】复选框，其他参数设置，如图 5-31 所示。单击确定完成。

（3）执行【插入】→【任务环境中的草图】命令，或者单击【任务环境中的草图】图标，系统弹出【创建草图】对话框，如图 5-32 所示。单击【确定】按钮。进入草图绘制界面。

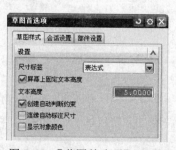

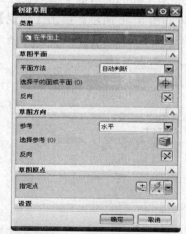

图 5-31 【草图首选项】对话框

图 5-32 【创建草图】对话框

（4）弹出【轮廓】工具栏，利用直线命令绘制草图轮廓，如图 5-33 所示。

（5）单击【约束】图标，设置约束如下：

1）选择第一条水平线（从上至下）和 XC 轴，使它们具有共线约束。

2）选择第一条竖直直线段（从左至右、从上至下）和 YC 轴，使它们具有共线约束。

3）选择所有的水平直线段，使它们具有平行约束。

4）选择所有的竖直直线段，使它们具有平行约束。

5）选择第二条竖直直线段和第三条竖直直线段，使它们具有共线约束。完成几何约束后的草图如图 5-34 所示。

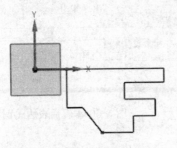

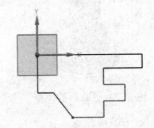

图 5-33　生成草图轮廓　　　　　　　　图 5-34　完成几何约束后的草图

（6）显示约束。

1）执行【工具】→【约束】→【显示/移除约束】命令，弹出【显示/移除约束】对话框，如图 5-35 所示。

2）选择【活动草图中的所有对象】单选按钮，则上一步添加的所有几何约束都被列于列表框中。

（7）执行【任务】→【完成草图】命令，或者单击【完成草图】图标退出草图模式，进入建模模式。

（8）创建表达式

1）执行【工具】→【表达式】命令，弹出表达式对话框。

2）在最下面的文本框中输入表达式名称"d3"公式 8。单击图标，表达式被列入列表框中，如图 5-36 所示。单击【确定】按钮退出对话框。

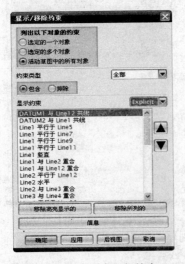

图 5-35 列出所有几何约束　　　　　　图 5-36 输入表达式"d3=8"

（9）单击【特征】工具栏中的【任务环境中的草图】图标🏷，重新进入到绘制草图界面。

（10）尺寸标注：在工具条中的"草图名"下拉列表中选择草图【SKETCH_000】，如图 5-37 所示，进入到刚刚绘制的草图中。

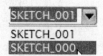

图 5-37　在下列表中选择草图 "SKETCH_000"

1）单击【水平尺寸】图标🔲，选择第一条竖直直线段和第四条竖直直线段，在对话框中输入尺寸名"D"。将两线间的【距离】设置为 40，如图 5-38 所示。

2）选择第一条竖直直线段和第三条竖直直线段，在对话框中输入尺寸名"D1"，输入表达式"D2"，将两线间的距离设置为"D2"，如图 5-39 示。

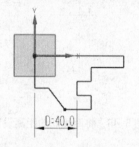

图 5-38　将两线间的距离设置为 "D=40"

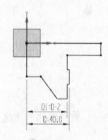

图 5-39　将两线间的距离设置为 "D1=D2"

3）选择第一条竖直直线段和第五条竖直直线段，尺寸名"D2"，将两线间的距离设置为"(2*D+5*d3)/2"，效果如图 5-40 所示。

4）其他直线段的尺寸名及尺寸表达式如图 5-41～图 5-46 所示。

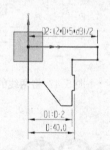

图 5-40　将两线间的距离设置为 "D2=(2*D+5*d3)/2"

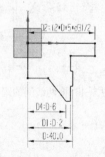

图 5-41　将两点间的距离设置为 "D4=D6"

5）【执行】→【首选项】→【注释】命令，弹出【注释首选项】对话框，单击【尺寸】选项，将小数位数设置为 3，单击确定完成。

6）选择第三条竖直直线段和斜线，在对话框中输入尺寸名"a"，尺寸值为 2.864，结果如图 5-47 所示。

7）草图已完全约束。退出绘制草图界面。

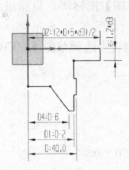

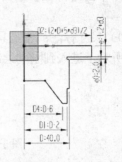

图 5-42 将线段的长度设置为 "e=1.2*d3"   图 5-43 将线段的长度设置为 "e0=2"

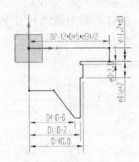

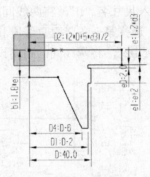

图 5-44 将两线间的距离设置为 "e1=e+2"   图 5-45 将两线间的距离设置为 "b1=1.8*e"

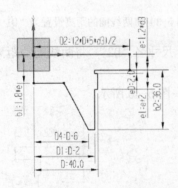

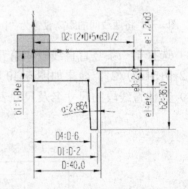

图 5-46 将两线间的距离设置为 "b2=36"   图 5-47 将两线的夹角设置为 2.864

★ **实验1** 打开光盘文件：源文件\ 5\exercise\book_05_01.prt 文件，完成表达式的编辑。如图 5-48 所示，将 "YUANZHU" 全部改换成 "Rectang"。

操作提示:

（1）重命名表达式。

（2）调整表达式值，从而编辑模型。

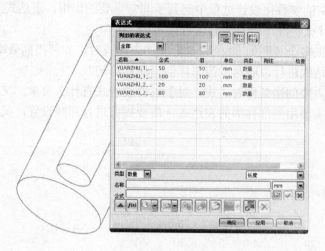

图 5-48 实验 1

实验 2 当需要写入较多表达式变量时，需要从文本中编辑表达式并导入表达式，将光盘文件：源文件\ 5\exercise\book_05_02.exp 文件导入进 book_05_02.prt 文件，如图 5-49 和图 5-50 所示。

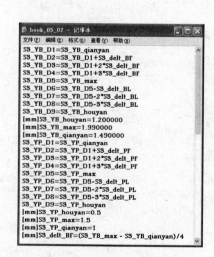

图 5-49 文本中编辑的表达式

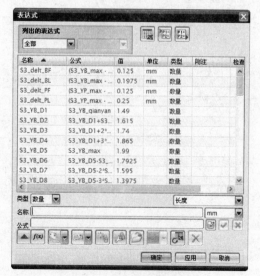

图 5-50 导入后的表达式

操作提示:

（1）在记事本中按指定格式编辑表达式，在保存以.exp 为后缀名即可；

（2）执行【工具】→【表达式】命令，在对话框中选择该选项（即 ），导入表达式。

1．表达式在 UG 的参数化设计过程中起到了非常重要的作用，表达式的一般书写规范是怎样的？系统在什么情况下会自动创建表达式？

2．当需要创建很多个（例如 50 个）自定义的表达式时，如何提高效率？

3．当需要对表达式进行说明时，该怎样创建注释语句？

4．什么情况下需要创建条件表达式，对于条件表达式有什么要求，又如何创建？

5．什么情况下需要用到部件间的表达式，需要提前进行那些设置，又如何创建？

第6章 建模特征

☞ 本章导读

相对于单纯的实体建模和参数化建模，UG采用的是复合建模方法。该方法是基于特征的实体建模方法，是在参数化建模方法的基础上采用了一种所谓"变量化技术"的设计建模方法，对参数化建模技术进行了改进。下图为UG中建立的一个三维模型。

三维模型示意图

✋ 内容要点

♣ 特征设计　　　　♣ 特征操作

6.1 特征设计

特征是一些由一个或多个父项关联定义的对象，它们在模型中还保留着生成和修改的顺序，因此可获取历史记录。编辑特征时，其父项将更新模型。父项可以是几何对象，也可以是数字变量（即表达式）。特征包括所有的体素、曲面和实体对象及线框对象。

下面列出了"建模"应用程序最常用的术语：

体——包含实体和片体的一类对象。

实体——围成立体的面和边的集合。

片体——没有围成体的一个或多个面的集合。

面——由边围成的体的外表区域。

特征建模工具栏如图6-1所示，其中大部分命令也可以在菜单栏中找到，只是UG NX8.0中已将其分散在了很多子菜单命令中，例如【插入】→【设计特征】下，如图6-2所示。

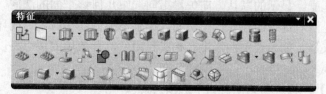

图6-1【特征】工具栏

图 6-2 【插入】→【设计特征】菜单

6.1.1 拉伸

执行【插入】→【设计特征】→【拉伸】命令或单击【拉伸】图标![icon]，则会激活该功能，通过在指定方向上将截面曲线扫掠一个线性距离来生成体，如图 6-3 所示。系统弹出如图 6-4 所示对话框，以下介绍该其中各选项功能：

（1）【截面】选项卡：

![icon]【选择曲线】：用于选择被拉伸的曲线，如果选择的面则自动进入到草绘模式。

![icon]【绘制草图】：UG NX8.0 设置了"绘制草图"这个选项，用户可以通过该选项首先绘制拉伸的轮廓，然后进行拉伸。

（2）【方向】选项卡：

![icon]【自动判断的矢量】：用户通过该按钮选择拉伸的矢量方向，可以点击旁边的下拉菜单选择矢量选择列表。

![icon]【矢量】：单击此图标打开"矢量"对话框，在该对话框中选择所需拉伸方向。

![icon]【方向】：如果在生成拉伸体之后，您更改了作为方向轴的几何体，拉伸也会相应地更新，以实现匹配。显示的默认方向矢量指向选中几何体平面的法向。如果选择了面或片体，默认方向是沿着选中面端点的面法向。如果选中曲线构成了封闭环，在选中曲线的质心处显示方向矢量。如果选中曲线没有构成封闭环，开放环的端点将以系统颜色显示为星号。

（3）【极限】：该选项组中有如下选项：

➢ 【开始/结束】：用于沿着方向矢量输入生成几何体的开始位置和终点位置，可以通过动态箭头来调整，如图 6-5 所示。

图 6-3　【拉伸】示意图　　　　　图 6-4　【拉伸】对话框

➢　【距离】：由用户输入拉伸的起始和结束距离的数值。

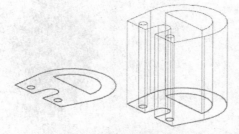

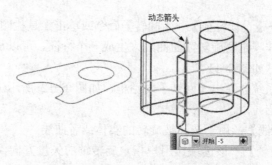

图 6-5　【动态拉伸】示意图

（4）【布尔】：用于指定生成的几何体与其他对象的布尔运算，包括：无、求交、求和、求差几种方式。配合起始点位置的选取可以实现多种拉伸效果。

（5）【拔模】：用于对面进行拔模。正角使得特征的侧面向内拔模（朝向选中曲线的中心）。

（6）【偏置】：可以生成特征，该特征由曲线或边的基本设置偏置一个常数值。有以下选项：

➢　【单侧】用于生成以单边偏置实体（如图 6-6 所示）。
➢　【两侧】用于生成以双边偏置实体（如图 6-7 所示）。
➢　【对称】用于生成以对称偏置实体（如图 6-8 所示）。

【例 6-1】拉伸成形。

打开光盘附带文件…\ 6\Lashen.prt 零件，如图 6-9 所示。

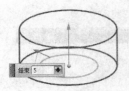 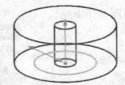 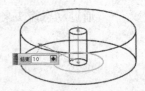

图 6-6 【单侧】偏置示意图　　　图 6-7 【对称】偏置示意图　　　图 6-8 【双侧】偏置示意图

（1）执行【插入】→【设计特征】→【拉伸】命令或单击【拉伸】图标，弹出【拉伸】对话框，选取工作区中所有的曲线为拉伸曲线。

（2）在【开始距离】文本框中输入 0，在【终点距离】文本框中输入 50mm，单击【确定】按钮，完成拉伸体的创建，如图 6-10 所示。

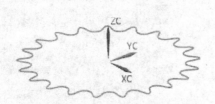 

图 6-9 【Lashen.prt 零件】示意图　　　　　图 6-10 拉伸实体的创建

6.1.2 回转

执行【插入】→【设计特征】→【回转】命令或单击工具栏图标，则会激活该功能，通过绕给定的轴以非零角度旋转截面曲线来生成一个特征。可以从基本横截面开始并生成圆或部分圆的特征，如图 6-11 所示。

激活该功能后系统会弹出【回转】对话框，如图 6-12 所示。下面对该对话框中的各项功能进行具体介绍：

（1）【选择曲线】：用于选择被旋转的实体或者曲线。

（2）【指定矢量】：该选项让用户指定旋转轴的矢量方向，也可以通过下拉菜单调出矢量构成选项。

（3）【指定点】：该选项让用户通过指定旋转轴上的一点，来确定旋转轴的具体位置。

（4）【反向】：与拉伸中的方向选项类似，其默认方向是生成实体的法线方向。

（5）【极限】：该选项方式让用户指定旋转的角度和偏置的距离。

➤ 【开始角度】：指定旋转的初始角度。总数量不能超过 360°。

➤ 【结束角度】：制定旋转的终止角度，角度大于起始角旋转方向为正方向，否则为反方向。

➤ 【直至选定对象】：该选项让用户把截面集合体旋转到目标实体上的修剪面或基准平面。

（6）【布尔】：该选项用于指定生成的几何体与其他对象的布尔运算，包括：无、求交、求和、求差几种方式。配合起始点位置的选取可以实现多种拉伸效果。

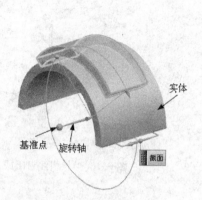

图 6-11　【回转】示意图

图 6-12　【回转】对话框

6.1.3　沿引导线扫掠

执行【插入】→【扫掠】→【沿引导线扫掠】命令，则会激活该功能，通过沿着由一个或一系列曲线、边或面构成的引导线串（路径）拉伸开放的或封闭的边界草图、曲线、边或面来生成单个体，如图 6-13 所示。

激活该功能后系统会弹出如图 6-14 所示对话框，用于选择截面线串和引导线，之后即可完成实体的生成。

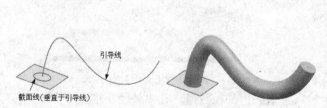

图 6-13　【沿引导线扫掠】示意图

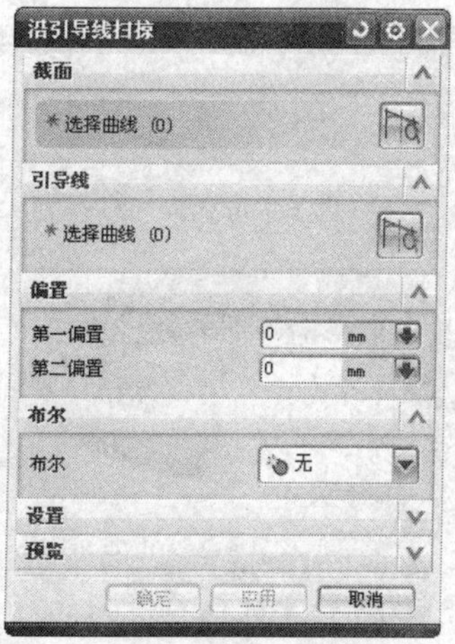

图 6-14　【沿引导线扫掠】对话框

需要注意的是：

（1）如果截面对象有多个环，如图 6-15 所示，则引导线串必须由线/圆弧构成；

（2）如果沿着具有封闭的、尖锐拐角的引导线串扫掠，建议把截面线串放置到远离尖锐拐角的位置，如图 6-16 所示。

（3）如果引导路径上两条相邻的线以锐角相交，或者如果引导路径中的圆弧半径对于截面曲线来说太小，则不会发生扫掠面操作。换言之，路径必须是光顺的、切向连续的。

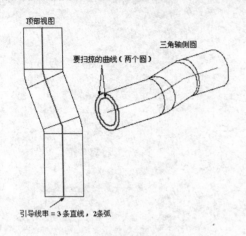

图 6-15　当截面有多个环时　　　　　　　　　图 6-16　当导引线封闭或有尖锐拐角时

6.1.4 管道

执行【插入】→【扫掠】→【管道】命令或单击工具栏图标，则会激活该功能，通过沿着由一个或一系列曲线构成的引导线串（路径）扫掠出简单的管道对象，如图 6-17 所示。

激活该功能后系统会弹出如图 6-18 所示对话框，其相关选项如下：

图 6-17【管道】示意图　　　　　　　　　　　图 6-18　【管道】对话框

（1）【外径/内径】：用于输入管道的内外径数值，其中外径不能为零。

（2）【输出】设置：

➢ 【单段】：只具有一个或两个侧面，此侧面为 B 曲面。如果内直径是零，那么管具有一个侧面，如图 6-19 所示。

➢ 【多段】：沿着引导线串扫成一系列侧面，这些侧面可以是柱面或环面，如图 6-20 所示。

图 6-19【单段】示意图

图 6-20 【多段】示意图

6.1.5 块

　　执行【插入】→【设计特征】→【块】命令，则会激活该功能弹出如图 6-21 所示对话框。

　　以下对其 3 种不同类型的创建方式作一介绍：

　　（1）【原点和边长】：该方式允许用户通过原点和 3 边长度来创建长方体，如图 6-22 所示。

图 6-21 【块】对话框

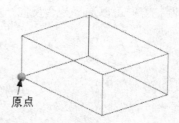

图 6-22【原点和边长度】示意图

　　（2）【两点和高度】：该方式允许用户通过高度和底面的两对角点来创建长方体，如图 6-23 所示。

　　（3）【两个对角点】：该方式允许用户通过两个对角顶点来创建长方体，如图 6-24 所示。

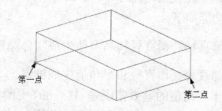

图 6-23 【两个点和高度】示意图

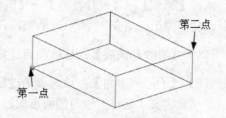

图 6-24 【两个对角点】示意图

6.1.6 圆柱体

执行【插入】→【设计特征】→【圆柱体】命令（创建示意图如图 6-25 所示），则会激活该功能弹出如图 6-26 所示对话框，各选项功能如下：

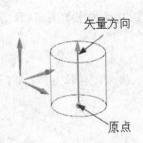

图 6-25 【圆柱体】示意图   图 6-26 【圆柱】对话框

（1）【轴，直径和高度】：该方式允许用户通过定义轴、直径和圆柱高度值以及底面圆心来创建圆柱体。

（2）【圆弧和高度】：该方式允许用户通过定义圆柱高度值，选择一段已有的圆弧并定义创建方向来创建圆柱体。用户选取的圆弧不一定需要是完整的圆，且生成圆柱与弧不关联，圆柱方向可以选择是否反向，如图 6-27 所示。

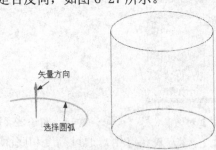

图 6-27 【圆弧和高度】示意图

6.1.7 圆锥体

执行【插入】→【设计特征】→【圆锥】命令（创建示意图如图 6-28 所示），则会激活该功能弹出如图 6-29 所示对话框，各选项功能如下：

（1）【直径和高度】：该选项通过定义底部直径、顶直径和高度值生成实体圆锥。

（2）【直径和半角】：该选项通过定义底部直径、顶直径和半角值生成圆锥。

半顶角定义了圆锥的轴与侧面形成的角度。半顶角值的有效范围是 1°～89°。图 6-30 说明了系统测量半顶角的方式。图 6-31 说明了不同的半顶角值对圆锥形状的影响。每种情况下轴的点直径和顶直径都是相同的。半顶角影响顶点的【锐度】以及圆锥的高度。

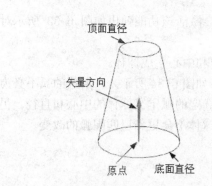

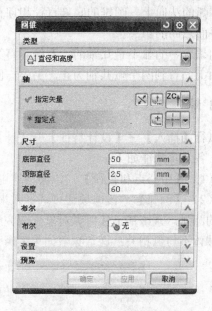

图 6-28 【圆锥体】示意图   图 6-29 【圆锥】对话框

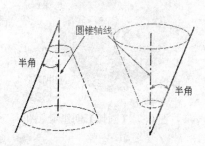

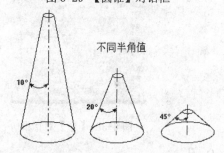

图 6-30 半顶角测量示意图   图 6-31 不同半角值对圆锥的影响

（3）【底部直径，高度和半角】：该选项通过定义底部直径、高度和半顶角值生成圆锥。半角值的有效范围是 1º～89º。在生成圆锥的过程中，有一个经过原点的圆形平表面，其直径由底部直径值给出。顶直径值必须小于底部直径值。

（4）【顶部直径，高度和半角】：该选项通过定义顶直径、高度和半顶角值生成圆锥。在生成圆锥的过程中，有一个经过原点的圆形平表面，其直径由顶直径值给出。底部直径值必须大于顶直径值。

（5）【两个共轴的圆弧】：该选项通过选择两条弧生成圆锥特征。两条弧不一定是平行的，如图 6-32 所示。

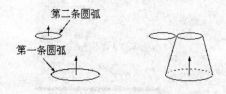

图 6-32 【两个共轴的圆弧】示意图

选择了基弧和顶弧之后，就会生成完整的圆锥。所定义的圆锥轴位于弧的中心，并且处于基弧的法向上。圆锥的底部直径和顶直径取自两个弧。圆锥的高度是顶弧的中心与基弧的平面之间的距离。

如果选中的弧不是共轴的，系统会将第二条选中的弧（顶弧）平行投影到由基弧形成的平面上，直到两个弧共轴为止。另外，圆锥不与弧相关联。

6.1.8 球

执行【插入】→【设计特征】→【球】命令，则会激活该功能弹出如图 6-33 所示对话框，各选项功能如下：

（1）【中心点和直径】：该选项通过定义直径值和中心生成球体。

（2）【圆弧】：该选项通过选择弧来生成球体（如图 6-34 所示），所选的弧不必为完整的圆弧。系统基于任何弧对象生成完整的球体。选定的弧定义球体的中心和直径。另外，球体不与弧相关；这意味着如果编辑弧的大小，球体不会更新已匹配弧的改变。

选中该弧

图 6-33 【球】对话框　　　　图 6-34【圆弧】创建示意图

6.1.9 孔

执行【插入】→【设计特征】→【孔】命令或单击【孔】图标，则会激活该功能弹出如图 6-35 所示对话框。

图 6-35 【孔】对话框

孔的创建有 4 种类型：

（1）Ⅴ【简单】：选中该选项后，可变窗口区变换为如图 6-36 所示，让用户以指定的直径、深度和顶锥角生成一个简单的孔，如图 6-37 所示。

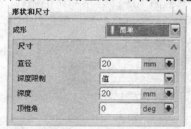

图 6-36 【简单】窗口

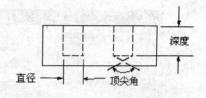

图 6-37 【简单】示意图

（2）Ⅴ【沉头】：选中该选项后，可变窗口区变换为如图 6-38 所示，让用户以指定孔直径、深度、顶锥角、沉头直径和沉头深度的沉头孔，如图 6-39 所示。

图 6-38 【沉头】窗口

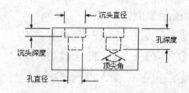

图 6-39 【沉头】示意图

（3）Ⅴ【埋头】：选中该选项后，可变窗口区变换为如图 6-40 所示，让用户以指定的直径、深度、顶锥角、埋头直径和埋头角度的埋头孔，如图 6-41 所示。

图 6-40 【埋头】窗口

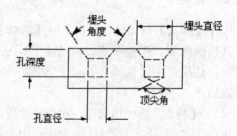

图 6-41 【埋头】示意图

（4）Ⅴ【锥形】：选中该选项后，可变窗口区变换为如图 6-42 所示，让用户以指定的直径、锥角和深度的锥形孔。

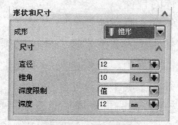

图 6-42【锥形】窗口

6.1.10 凸台

执行【插入】→【设计特征】→【凸台】命令或单击【凸台】图标 ，则会激活该功能弹出如图 6-43 所示对话框，让用户能在平面或基准面上生成一个简单的圆台，如图 6-44 所示，各选项功能如下：

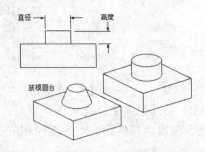

图 6-43 【凸台】对话框　　　　　　　　图 6-44 【凸台】示意图

（1）【过滤器】：通过限制可用的对象类型帮助您选择需要的对象。这些选项是：任意、面和基准平面。

（2）【直径】：输入凸台直径的值。

（3）【高度】：输入凸台高度的值。

（4）【锥角】：输入凸台的柱面壁向内倾斜的角度。该值可正可负。零值产生没有锥度的垂直圆柱壁。

【反侧】：如果选择了基准面作为放置平面，则此按钮成为可用。点击此按钮使当前方向矢量反向，同时重新生成凸台的预览。

6.1.11 腔体

执行【插入】→【设计特征】→【腔体】命令或单击工具栏图标 ，则会激活该功能弹出如图 6-45 所示对话框，让用户在现有体上生成一个型腔，对话框各选项功能如下：

（1）【柱】：选中该选项，在选定放置平面后系统会弹出如图 6-46 所示对话框，该选项让用户定义一个圆形的腔体，有一定的深度，有或没有圆角的底面，具有直面或斜面，如图 6-47 所示。对话框各选项功能如下：

图 6-45 【腔体】对话框

➤ 【腔体直径】：输入腔体的直径。

➤ 【深度】：沿指定方向矢量从原点测量的腔体深度。

➤ 【底面半径】：输入腔体底边的圆形半径。此值必须等于或大于零。

➤ 【锥角】：应用到腔壁的拔锥角。此值必须等于或大于零。

需要注意的是：深度值必须大于底半径。

（2）【矩形】：选中该选项，在选定放置平面及水平参考面后系统会弹出如图 6-48 对话框。该选项让用户定义一个矩形的腔体，按照指定的长度、宽度和深度，按照拐角处和底面上的指定的半径，具有直边或锥边，如图 6-49 所示。对话框各选项功能如下：

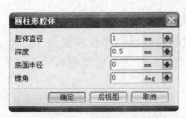

图 6-46　【圆柱形腔体】对话框

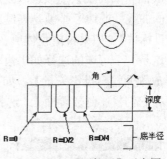

图 6-47　【圆柱形】示意图

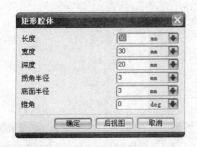

图 6-48　【矩形腔体】对话框

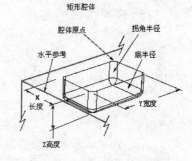

图 6-49　【矩形】示意图

> 【长度/宽度/深度】：输入腔体的长度/宽度/高度值。
> 【拐角半径】：腔体竖直边的圆半径（大于或等于零）。
> 【底面半径】：腔体底边的圆半径（大于或等于零）。
> 【锥角】：腔体的四壁以这个角度向内倾斜。该值不能为负。零值导致竖直的壁。

需要注意的是：拐角半径必须大于或等于底半径。

（3）【常规】：【柱】和【常规】腔体选项相比，该选项所定义的腔体具有更大的灵活性。

选中该选项后系统会弹出如图 6-50 所示对话框，部分选项功能如下：

【选择步骤】选项设置如下：

【放置面】：该选项是一个或多个选中的面，或是单个平面或基准平面。腔体的顶面会遵循放置面的轮廓。必要的话，将放置面轮廓曲线投影到放置面上。如果没有指定可选的目标体，第一个选中的面或相关的基准平面会标识出要放置腔体的实体或片体（如果选择了固定的基准平面，则必须指定目标体）。面的其余部分可以来自于部件中的任何体。

【放置面轮廓】：该选项是在放置面上构成腔体顶部轮廓的曲线。放置面轮廓曲线必须是连续的（即端到端相连）。

【底面】：该选项是一个或多个选中的面，或是单个平面或基准平面，用于确定腔体的底部。选择底面的步骤是可选的，腔体的底部可以由放置面偏置而来。在选择底面之前，放置面上会出现一个箭头，显示由放置面的偏置或平移方向。如果选择了底面，箭头就会显示底面的偏置或平移方向。

如果没有选择底面，那么可以将腔体的底部定义为放置面的偏置或平移。如果选择将底面定义为平移，则【底面平移矢量】选择步骤可用，以供用户定义平移矢量。

　　 【底面轮廓曲线】：该选项是底面上腔体底部的轮廓线。与放置面轮廓一样，底面轮廓线中的曲线（或边）必须是连续的。

　　 【目标体】：如果希望腔体所在的体与第一个选中放置面所属的体不同，则选择【目标体】。这是一个可选的选择如果没有选择目标体，则将由放置面进行定义。

　　 【放置面轮廓投影矢量】：如果放置面轮廓曲线已经不在放置面上，则该选项用于指定如何将它们投影到放置面上。选择了这一步骤后，对话框可变窗口将有如图 6-51 所显示内容。

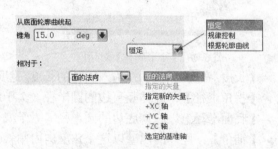

　　　　　图 6-50 【常规腔体】对话框　　　　　　　　图 6-51 【放置面轮廓】可变窗口区

　　 【底面平移矢量】：该选项指定了放置面或选中底面将平移的方向。

　　 【底面轮廓投影矢量】：如果底部轮廓曲线已经不在底面上，则底面轮廓投影矢量指定如何将它们投影到底面上。其他用法与【放置面轮廓投影矢量】类似。

　　 【放置面上的对齐点】：该选项是在放置面轮廓曲线上选择的对齐点。这一步骤的可用条件是：为两个轮廓都选择了曲线，并且用户为【轮廓对齐方式】选择了【指定点】。

　　标识了对齐点之后，将选中轮廓上与定义的实际点距离最近的点。将显示临时点，并带有标识对齐顺序的关联数字。点将相对于轮廓方向自动排序，以便能够通过简单地选择新点，在已经选中的点中插入新点。

　　该步骤激活后，轮廓曲线上的箭头将显示轮廓的方向。不能将对齐点定义在轮廓中的最先或最后一个点处。

　　 【底面对齐点】：该选项是在底面轮廓曲线上选择的对齐点。其他用法与【放置面上的对齐点】类似。

　　【轮廓对齐方式】：如果选择了放置面轮廓和底面轮廓，则可以指定对齐放置面轮廓曲线和底面轮廓曲线的方式。

　　【放置面半径】：该选项定义放置面（腔体顶部）与腔体侧面之间的圆角半径。

【底面半径】：该选项定义腔体底面（腔体底部）与侧面之间的圆角半径。

【拐角半径】：该选项定义放置在腔体拐角处的圆角半径。拐角位于两条轮廓曲线/边之间的运动副处，这两条曲线/边的切线偏差的变化范围要大于角度公差。

【附着腔体】：该选项将腔体缝合到目标片体，或由目标实体减去腔体。如果没有选择该选项，则生成的腔体将成为独立的实体。

6.1.12　垫块

执行【插入】→【设计特征】→【垫块】命令或单击工具栏图标，则会激活该功能弹出如图6-52 对话框。让用户在已有实体上生成垫块，对话框各选项功能如下：

图 6-52　【垫块】对话框

（1）【矩形】：（如图6-53 所示），让用户定义一个有指定长度、宽度和深度，在拐角处有指定半径，具有直面或斜面的垫块（对话框如图6-54 所示）。

（2）【常规】：与矩形垫块相比，该选项所定义的垫块具有更大的灵活性。该选项各功能与【腔体】的【常规】选项类似，此处从略。

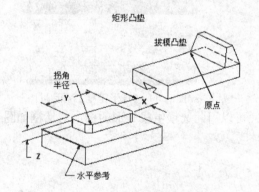

图 6-53　【矩形】创建示意图

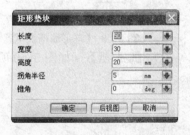

图 6-54　【矩形垫块】创建对话框

6.1.13　键槽

执行【插入】→【设计特征】→【键槽】命令或单击工具栏图标，则会激活该功能弹出如图 6-55 对话框。该选项让用户生成一个直槽的通道通过实体或通到实体里面。在当前目标实体上自动执行减去操作。所有槽类型的深度值按垂直于平面放置面的方向测量。

对话框各选项功能如下：

（1）【矩形槽】（如图6-56 所示）：该选项让用户沿着底边生成有尖锐边缘的槽（对话框如图6-57 所示）。

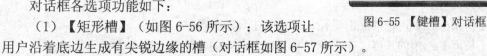

图 6-55　【键槽】对话框

➤　【长度】：槽的长度，按照平行于水平参考的方向测量。此值必须是正的。

➢ 【宽度】：槽的宽度值。
➢ 【深度】：槽的深度，按照和槽的轴相反的方向测量，是从原点到槽底面的距离。
此值必须是正的。

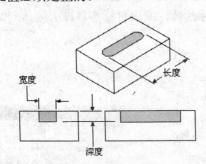
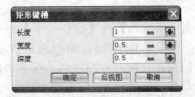

图 6-56 【矩形槽】示意图   图 6-57 【矩形键槽】对话框

（2）【球形端槽】（如图 6-58 所示）：该选项让用户生成一个有完整半径底面和拐角的槽（对话框如图 6-59 所示）。

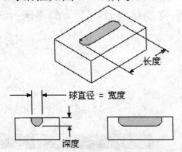

图 6-58 【球形端槽】示意图   图 6-59 【球形键槽】对话框

（3）【U 形槽】（如图 6-60 所示）：可以用此选项生成 U 形的槽，对话框如图 6-61所示。

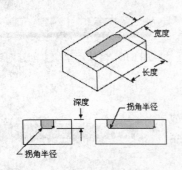
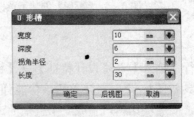

图 6-60 【U 形槽】示意图   图 6-61 【U 形槽】对话框

➢ 【宽度】：槽的宽度（即切削工具的直径）。
➢ 【深度】：槽的深度，在槽轴的反方向测量，也即从原点到槽底的距离。这个值必须为正。
➢ 【拐角半径】：槽的底面半径（即切削工具边半径）。
➢ 【长度】：槽的长度，在平行于水平参考的方向上测量。这个值必须为正。
需要注意的是：【深度】值必须大于【拐角半径】的值。

（4）【T 型键槽】（如图 6-62 所示）：该选项使您能够生成横截面为倒 T 字形的槽（对话框如图 6-63 所示）。

> 【顶部宽度】：槽的较窄的上部宽度。
> 【顶部深度】：槽顶部的深度，在槽轴的反方向上测量，即从槽原点到底部深度值顶端的距离。
> 【底部宽度】：槽的较宽的下部宽度。
> 【底部深度】：槽底部的深度，在刀轴的反方向上测量，即从顶部深度值的底部到槽底的距离。
> 【长度】：槽的长度，在平行于水平参考的方向上测量。这个值必须为正。

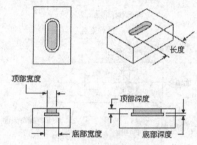

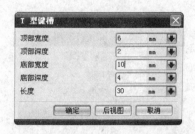

图 6-62　【T 型键槽】示意图　　　　　图 6-63　【T 型键槽】对话框

（5）【燕尾槽】（如图 6-64 所示）：该选项生成燕尾形的槽。这种槽留下尖锐的角和有角度的壁，对话框如图 6-65 所示。

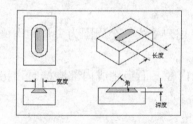

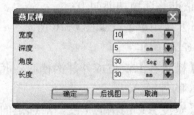

图 6-64　【燕尾槽】示意图　　　　　　图 6-65　【燕尾槽】对话框

> 【宽度】：实体表面上槽的开口宽度，在垂直于槽路径的方向上测量，以槽的原点为中心。
> 【深度】：槽的深度，在刀轴的反方向测量，也即从原点到槽底的距离。
> 【角度】：槽底面与侧壁的夹角。
> 【长度】：槽的长度，在平行于水平参考的方向上测量。这个值必须为正。

（6）【通槽】（如图 6-66 所示）：该复选框让用户生成一个完全通过两个选定面的槽。有时，如果在生成特殊的槽时碰到麻烦，尝试按相反的顺序选择通过面。槽可能会多次通过选定的面，这依赖于选定面的形状（如图 6-67 所示）。

6.1.14　槽

执行【插入】→【设计特征】→【槽】命令或单击工具栏图标，则会激活该功能弹出如图 6-68 对话框。

该选项让用户在实体上生成一个沟槽，就好象一个成形刀具在旋转部件上向内（从外部定位面）或向外（从内部定位面）移动，如同车削操作（如图 6-69 所示）。

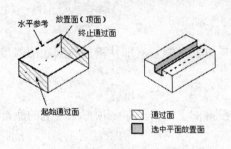

图 6-66 【通槽】示意图

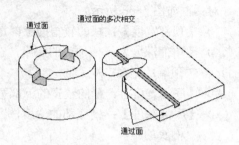

图 6-67 通过面的多次相交示意图

图 6-68 【槽】对话框

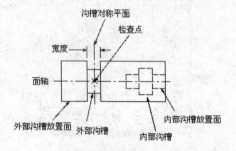

图 6-69 【槽】示意图

　　该选项只在圆柱形或圆锥形的面上起作用。旋转轴是选中面的轴。沟槽在选择该面的位置（选择点）附近生成并自动连接到选中的面上。

　　对话框各选项功能如下：

　　（1）【矩形】（如图 6-70 所示）：该选项让用户生成一个周围为尖角的沟槽（对话框如图 6-71 所示）。

➤【槽直径】：生成外部沟槽时，指定沟槽的内径，而当生成内部沟槽时，指定沟槽的外径。

➤【宽度】：沟槽的宽度，沿选定面的轴向测量。

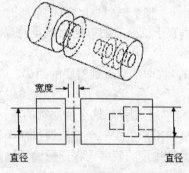

图 6-70【矩形槽】示意图

图 6-71 【矩形槽】对话框

　　（2）【球形端槽】（如图 6-72 所示）：该选项让用户生成底部有完整半径的沟槽（对话框如图 6-73 所示）。

➤【槽直径】：生成外部沟槽时，指定沟槽的内径，而当生成内部沟槽时，指定沟槽的外径。

➤【球直径】：沟槽的宽度。

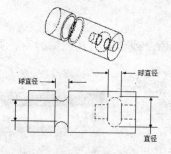

图 6-72　【球形端槽】示意图　　　　图 6-73　【球形端槽】对话框

（3）【U 形槽】（如图 6-74 所示）：该选项让用户生成在拐角有半径的沟槽（对话框如图 6-75 所示）。

- 【槽直径】：生成外部沟槽时，指定沟槽的内部直径，而当生成内部沟槽时，指定沟槽的外部直径。
- 【宽度】：沟槽的宽度，沿选择面的轴向测量。
- 【拐角半径】：沟槽的内部圆角半径。

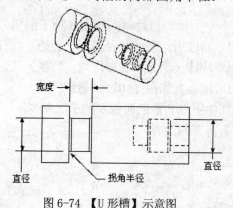

图 6-74　【U 形槽】示意图　　　　图 6-75　【U 形槽】对话框

 提示

沟槽的定位和其他的成形特征的定位稍有不同。只能在一个方向上定位沟槽，即沿着目标实体的轴。不出现定位尺寸菜单。通过选择目标实体的一条边及刀具（在车槽刀具上）的边或中心线来定位沟槽，如图 6-76 所示。

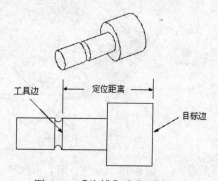

图 6-76　【沟槽】定位示意图

6.1.15 抽取

执行【插入】→【关联复制】→【抽取体】命令或单击工具栏图标 ，则会激活该功能弹出如图 6-77 所示对话框。

使用该选项可以通过从另一个体中抽取对象来生成一个体。用户可以在 4 种类型的对象之间选择来进行抽取操作：如果抽取一个面或一个区域，则生成一个片体。如果抽取一个体，则新体的类型将与原先的体相同（实体或片体）。如果抽取一条曲线，则结果将是 EXTRACTED_CURVE（抽取曲线）特征。

图 6-77 【抽取体】对话框

图 6-77 所示对话框各选项功能如下：

（1）【面】：该选项可用于将片体类型转换为 B 曲面类型，以便将它们的数据传递到 ICAD 或 PATRAN 等其他集成系统中和 IGES 等交换标准中。

（2）【面区域】：该选项让用户生成一个片体，该片体是一组和种子面相关的且被边界面限制的面。在已经确定了种子面和边界面以后，系统从种子面上开始，在行进过程中收集面，直到它和任意的边界面相遇。一个片体（称为"抽取区域"特征）从这组面上生成。选择该选项后，对话框中的可变窗口区域会有如图 6-102 的显示：

➢ 【种子面】：该步骤确定种子面。特征中所有其他的面都和种子面有关。

➢ 【边界面】：该步骤确定【抽取区域】特征的边界。

图 6-78 所示为一生成【抽取区域】特征。

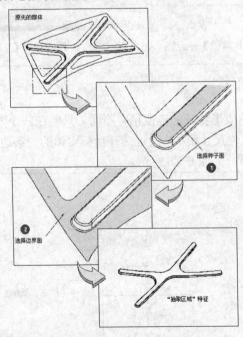

图 6-78 【抽取区域】示意图

（3）【体】：该选项生成整个体的关联副本。可以将各种特征添加到抽取体特征上，而不在原先的体上出现。当更改原先的体时，用户还可以决定【抽取体】特征要不要更新。【抽取体】特征的一个用途是在用户想同时能用一个原先的实体和一个简化形式的时候（例如，放置在不同的参考集里）。

6.2 特征操作

特征操作是在特征建模基础上的进一步细化。特征操作工具栏如图 6-79 所示，其中大部分命令也可以在菜单栏中找到，只是 UG NX8.0 中已将其分散在很多子菜单命令中，例如【插入】→【关联复制】和【插入】→【修剪】以及【插入】→【细节特征】等子菜单下。

图 6-79 特征操作工具栏

6.2.1 拔模角

执行【插入】→【细节特征】→【拔模】命令或单击工具栏图标 ，则会激活该功能弹出如图 6-80 所示对话框。该选项让用户相对于指定矢量和可选的参考点将拔模应用于面或边。对话框部分选项功能如下：

（1）【从平面】：该选项能将选中的面倾斜。在该类型下，拔模参考点定义了垂直于拔模方向矢量的拔模面上的一个点。拔模特征与它的参考点相关。在图 6-81 中，两种情况都用了同一个值，不同仅在于参考点的位置。

图 6-80 【拔模】对话框

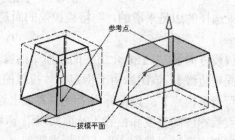

图 6-81【从平面】示意图

需要注意的是：用同样的参考点和方向矢量来拔模内部面和外部面，则内部面拔模和外部面拔模是相反的，如图 6-82 所示。

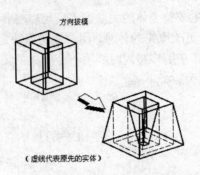

方向拔模

（虚线代表原先的实体）

图 6-82　内部面拔模与外部面拔模示意图

【脱模方向】：该图标用于指定实体拔模的方向。用户可在 ![icon] 的下拉列表框中指定拔模的方向。

【固定面】：该图标用于指定实体拔模的参考面。在拔模过程中，实体在该参考面上的截面曲线不发生变化。

【要拔模的面】：该图标用于选择一个或多个要进行拔模的表面。

【角度】：定义拔模的角度。

【距离公差】：更改拔模操作的"距离公差"。默认值从建模预设置中取得。

【角度公差】：更改拔模操作的"角度公差"。默认值从建模预设置中取得。

（2）【从边】：能沿一组选中的边，按指定的角度拔模。该选项能沿选中的一组边按指定的角度和参考点拔模。当需要的边不包含在垂直于方向矢量的平面内时，该选项特别有用，如图 6-83 左图所示。

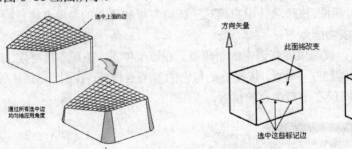

图 6-83　【从边】示意图

如果选择的边是平滑的，则将被拔模的面是在拔模方向矢量所指一侧的面，如图 6-83 右图所示。

【拔模方向】：与上面介绍的面拔模中的含义相同。

【固定边缘】：该图标用于指定实体拔模的一条或多条实体边作为拔模的参考边。

【可变拔模点】：该图标用于在参考边上设置实体拔模的一个或多个控制点，再为各控制点设置相应的角度和位置，从而实现沿参考边对实体进行变角度的拔模。其可变角定义点的定义可通过"捕捉点"工具栏来实现。

（3）【与多个面相切】：能以给定的拔模角拔模，开模方向与所选面相切。该选项按指定的拔模角进行拔模，拔模与选中的面相切。用此角度来决定用作参考对象的等斜度曲线。然后就在离开方向矢量的一侧生成拔模面，如图 6-84 所示。

该拔模类型对于模铸件和浇注件特别有用，可以弥补任何可能的拔模不足。

【脱模方向】：与上面介绍的面拔模中的含义相同。

【相切面】：该图标用于一个或多个相切表面作为拔模表面。

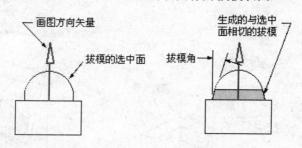

图 6-84　【与多个面相切】示意图

（4）【至分型边】：能沿一组选中的边，用指定的多个角度和一个参考点拔模。该选项能沿选中的一组边用指定的角度和一个参考点生成拔模。参考点决定了拔模面的起始点。分隔线拔模生成垂直于参考方向和边的扫掠面。如图 6-85 所示。在这种类型的拔模中，改变了面但不改变分隔线。当处理模铸塑料部件时这是一个常用的操作。

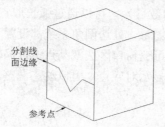
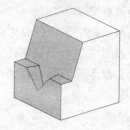

图 6-85　【至分型边】示意图

【脱模方向】：与上面介绍的面拔模中的含义相同。

【固定面】：该图标用于指定实体拔模的参考面。在拔模过程中，实体在该参考面上的截面曲线不发生变化。

【分型边】：该图标用于选择一条或多条分割边作为拔模的参考边。其使用方法和通过边拔模实体的方法相同。

6.2.2 边倒圆

执行【插入】→【细节特征】→【边倒圆】命令或单击工具栏图标 ，则会激活该功能弹出如图 6-86 对话框。该选项能通过对选定的边进行倒圆来修改一个实体，如图 6-87 所示。

加工圆角时，用一个圆球沿着要倒圆角的边（圆角半径）滚动，并保持紧贴相交于该边的两个面。球将圆角层除去。球将在两个面的内部或外部滚动，这取决于是要生成圆角还是要生成倒过圆角的边。

对话框各选项功能如下：

（1）【要倒圆的边】：选择要倒圆角的边，在打开

图 6-86　【边倒圆】对话框

的浮动对话框中输入想要半径值（它必须是正值）即可。圆角沿着选定的边生成。

（2）【可变半径点】：通过沿着选中的边缘指定多个点并输入每一个点上的半径，可以生成一个可变半径圆角。从而生成了一个半径沿着其边缘变化的圆角，如图 6-88 所示。

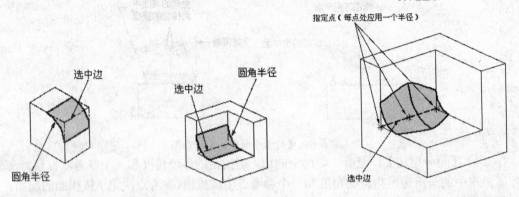

图 6-87 【边倒圆】示意图　　　　　　　图 6-88 【可变半径点】示意图

选择倒角的边，并且在【边倒圆】对话框中选择【可变半径点】选项后，先在边上取所需点数（当鼠标变成时即可单击来确定点的数目），可以通过弧长取点，如图 6-89 所示，也可以对话框中编辑弧长来确定点的位置。每一处边倒角系统都设置了对应的表达式，用户可以通过它进行倒角半径的调整。当在可变窗口区选取某点进行编辑时（右击即可通过【删除】来删除点），在工作绘图区系统显示对应点，可以动态调整。

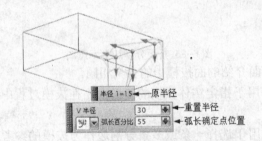

图 6-89 【调整点】示意图

（3）【拐角倒角】：该选项可以生成一个拐角圆角，业内称为球状圆角。该选项用于指定所有圆角的偏置值（这些圆角一起形成拐角），从而能控制拐角的形状。拐角圆角的用意是作为非类型表面钣金冲压的一种辅助，并不意味着要用于生成曲率连续的面。可以生成可变的或恒定的拐角圆角。如图 6-90 所示基本拐角圆角与带拐角圆角的不同。

每个拐角边都有一个距离值，用户可以指定这个值来控制它距圆角边有多远。拐角圆角的拐角距离一般标记为 D0、D1 和 D2。图 6-91 说明输入的值如何用来测量拐角圆角的拐角距离。

（4）【拐角突然停止】：该选项通过添加中止倒角点，来限制边上的倒角范围，如图 6-92 所示。其操作步骤类似【变半径点】，不同的是只可设置起始点和中止点。

（5）【修剪】：对倒圆边多余部分进行分解。

（6）【溢出解】：在生成边缘圆角时控制溢出的处理方法。如图 6-93 所示，当圆角边界接触到邻近过渡边的面的外部时发生圆角溢出。

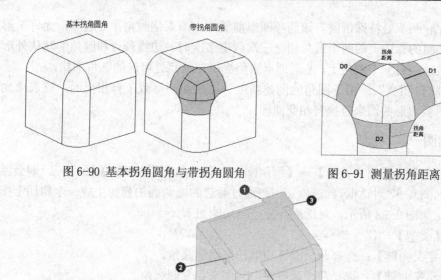

图 6-90 基本拐角圆角与带拐角圆角 图 6-91 测量拐角距离

图 6-92 "拐角突然停止"示意图

➤【选择要强制执行滚边的边】：该选项允许用户倒角遇到另一表面时，实现光滑倒角过渡。如图 6-94 所示，左图为勾选该选项后实现的两表面相切过渡，右图则为没有选取该选项时倒圆角的情形。

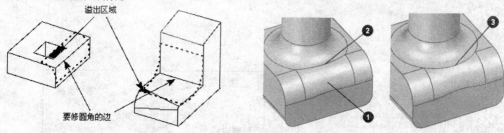

图 6-93 "溢出"示意图 图 6-94 选取与不选取时示意图

➤【选择要禁止执行滚边的边】：该选项即以前版本中的允许陡峭边缘溢出，在溢出区域保留尖锐的边缘（如图 6-95 所示选取与不选取该选项后对倒圆的影响）。

➤【保持圆角并移动尖锐边缘】：该选项允许用户在倒角过程中与定义倒角边的面保持相切，并移除阻碍的边，如图 6-96 所示。

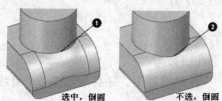

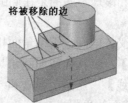

图 6-95 选取与不选取时示意图 图 6-96【保持圆角并移动尖锐边缘】操作前后示意图

（7）【设置】

1）"在凸/凹 Y 处特殊倒圆"该选项即以前版本中的柔化圆角顶点选项，允许 Y 形圆角。当相对凸面的邻边上的两个圆角相交三次或更多次时，边缘顶点和圆角的默认外形将从一个圆角滚动到另一个圆角上，Y 形顶点圆角提供在顶点处可选的圆角形状。

2）"移除自相交"：由于圆角的创建精度等原因从而导致了自相交面，该选项允许系统自动利用多边形曲面来替换自相交曲面。

6.2.3 面倒圆

执行【插入】→【细节特征】→【面倒圆】命令或单击【面倒圆】图标 ，则会激活该功能弹出如图 6-97 对话框。此选项让用户通过可选的圆角面的修剪生成一个相切于指定面组的圆角，如图 6-98 所示。对话框部分选项功能如下：

（1）【类型】

【两个定义面链】：选择两个面链和半径来创建圆角。

【三个定义面链】：选择两个面链和中间面来完全倒圆角。

（2）【面链】

【选择面链 1】：用于选择面倒圆的第一个面链。

【选择面链 2】：用于选择面倒圆的第二个面链。

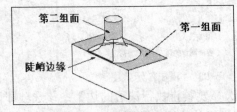

图 6-97 【面倒圆】对话框 　　　　　　 图 6-98 【面倒圆】示意图

（3）【截面方位】

【滚球】：它的横截面位于垂直于选定的两组面的平面上。

【扫掠截面】：和滚球不同的是在倒圆横截面中多了脊曲线。

（4）【形状】

【圆形】：用定义好的圆盘于倒角面相切来进行倒角。

【对称二次曲线】：二次曲线面圆角具有二次曲线横截面。

【不对称二次曲线】：用两个偏置和一个 rho 来控制横截面。还必须定义一个脊线线串来定义二次曲线截面的平面。

（5）【半径方法】

【恒定】：对于恒定半径的圆角，只允许使用正值。

【规律控制】：让用户依照规律子功能在沿着脊线曲线的单个点处定义可变的半径。

【相切约束】：通过指定位于一面墙上的曲线来控制圆角半径，在这些墙上，圆角曲面和曲线被约束为保持相切。

6.2.4 软倒圆

执行【插入】→【细节特征】→【软倒圆】命令或单击工具栏图标，则会激活该功能弹出如图 6-99 对话框。示意图如图 6-100 所示。

图 6-99 【软倒圆】对话框

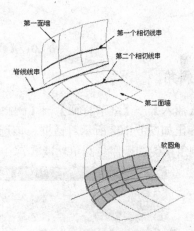

图 6-100 【软倒圆】示意图

（1）【选择步骤】

➢ 【第一组】：用于选择面倒角的第一个面集。单击该图标，在视图区选择第一个面集。选择第一个面集后，视图工作区会显示一个矢量箭头。此矢量箭头应该指向倒角的中心，如果默认的方向不符合要求，可单击 图标，使方向反向。

➢ 【第二组】：用于选择面倒角的第二个面集。单击该图标，在视图区选择第二个面集。

➢ 【第一组相切曲线】：单击该图标，用户可以在第一个面集和第二个面集上选择一条或多条边作为陡边，使倒角面在第一个面集和第二个面集上相切到陡边处。在选择陡边时，不一定要在两个面集上都指定陡边。

➢ 【第二组相切曲线】：单击该图标，在视图区选择相切控制曲线，系统会沿着指定的相切控制曲线，保持倒角表面和选择面集的相切，从而控制倒角的半径。相切曲线只能在一组表面上选择，不能在两组表面上都指定一条曲线来限制圆角面的半径。

（2）【光顺性】：该选项用于选择是否圆角和面只满足切矢连续或是满足曲率连续（切矢也连续）。

➢ 【匹配切矢】：只与邻近墙的切矢连续。这种情况下，圆角的横截面的外形是椭圆形。

> 【匹配曲率】：切矢和曲率都连续。使用【Rho】和【扭曲歪斜】来控制这些横截面
> 的外形。如果在平面法向到脊线的方向上查看横截面的视图，会看到控制圆角外
> 形时用作参考的三角形，如图 6-101 所示（以虚线表示）。

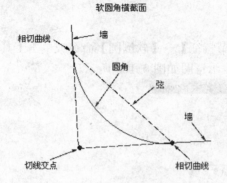

图 6-101 【曲率连续】示意图

6.2.5 倒斜角

执行【插入】→【细节特征】→【倒斜角】命令或单击【倒斜角】图标，则会激活
该功能，弹出如图 6-102 所示对话框。该选项通过定义所需的倒角尺寸来在实体的边上形
成斜角。倒角功能的操作与圆角功能非常相似，如图 6-103 所示。对话框各选项功能如下：

图 6-102 【倒斜角】对话框

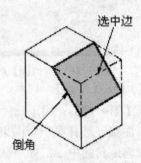

图 6-103 【倒斜角】示意图

（1）【对称】：该选项让用户生成一个简单的倒角，它沿着两个面的偏置是相同的。
必须输入一个正的距离值，如图 6-104 所示。

（2）【非对称】：对于该选项，必须输入【距离 1】值和【距离 2】值。这些偏置是
从选择的边沿着面测量的。这两个值都必须是正的，如图 6-105 所示。在生成倒角以后，
如果倒角的偏置和想要的方向相反，可以选择【上一倒角反向】。

（3）【偏置和角度】：该选项可以用一个角度来定义简单的倒角。需要输入【距离】
值和【角度】值（如图 6-106 所示）。

6.2.6 抽壳

执行【插入】→【偏置/缩放】→【抽壳】命令或单击工具栏图标，则会激活该功
能，系统弹出【抽壳】对话框，如图 6-107 所示。利用该对话框可以进行抽壳来挖空实体
或在实体周围建立薄壳。

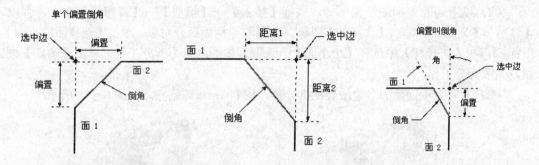

图 6-104 【对称】示意图　　　　图 6-105 【非对称】示意图　　　图 6-106【偏置和角度】示意图

（1）【移除面，然后抽壳】：选择该方法后，所选目标面在抽壳操作后将被移除。

（2）【抽壳所有面】：选择该方法后，需要选择一个实体，系统将按照设置的厚度进行抽壳，抽壳后原实体变成一个空心实体，如图 6-108 所示。

图 6-107 【抽壳】对话框

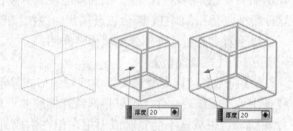

图 6-108 实体抽壳示意图

【例 6-2】对咖啡壶进行抽壳操作。

打开光盘附带文件\ 6\chouke.prt 零件，如图 6-109 所示。

（1）执行【插入】→【偏置/缩放】→【抽壳】命令或单击工具栏图标，弹出的如图 6-110 所示对话框，在【类型】选项选取【移除面，然后抽壳】，设置【厚度】为 0.5，然后在工作区选取壶的顶面，单击【确定】按钮，完成抽壳，如图 6-111 所示。

图 6-109　chouke.prt 零件示意图

图 6-110 【抽壳】对话框

（2）以下切除壶柄的超出部分，执行【插入】→【修剪】→【修剪体】命令，弹出【修剪体】对话框，单击【选择体】图标🔳，选取壶柄为拆分对象，单击【选择面或平面】图标🔳，在【选择杆】中选择【单个面】，选取壶体的内壁为拆分工具，单击【确定】按钮，完成拆分工作。

（3）选取上步创建的多余的壶柄拆分体，按 Delete 键删除，如图 6-112 所示。

图 6-111 完成抽壳后示意图　　　　　　　　图 6-112 最终示意图

6.2.7 螺纹

执行【插入】→【设计特征】→【螺纹】命令或单击工具栏图标🔳，则会激活该功能弹出如图 6-113 所示对话框。该选项能在具有圆柱面的特征上生成符号螺纹或详细螺纹。这些特征包括孔、圆柱、圆台以及圆周曲线扫掠产生的减去或增添部分，如图 6-114 所示。

以下对上述对话框部分选项作一介绍：

（1）【螺纹类型】

➢【符号】：该类型螺纹以虚线圆的形式显示在要攻螺纹的一个或几个面上。符号螺纹使用外部螺纹表文件（可以根据特殊螺纹要求来定制这些文件），以确定默认参数。符号螺纹一旦生成就不能复制或引用，但在生成时可以生成多个复制和可引用复制。如图 6-115 所示。

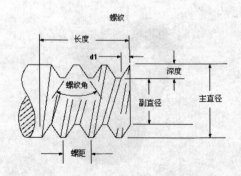

图 6-113 【螺纹】对话框　　　　　　　　图 6-114 【螺纹】示意图

➤【详细】：该类型螺纹看起来更实际，如图 6-116 所示，但由于其几何形状及显示的复杂性，生成和更新都需要长得多的时间。详细螺纹使用内嵌的默认参数表，可以在生成后复制或引用。详细螺纹是完全关联的，如果特征被修改，螺纹也相应更新。

（2）【大径】：为螺纹的最大直径。对于符号螺纹，提供默认值的是【查找表】。对于符号螺纹，这个直径必须大于圆柱面直径。只有当【手工输入】选项打开时您才能在这个字段中为符号螺纹输入值。

（3）【小径】：螺纹的最小直径。

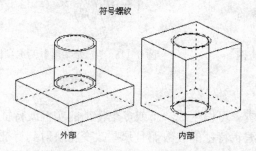
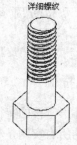

图 6-115　【符号】螺纹示意图　　　　　图 6-116　【详细】螺纹示意图

（4）【螺距】：从螺纹上某一点到下一螺纹的相应点之间的距离，平行于轴测量。

（5）【角度】：螺纹的两个面之间的夹角，在通过螺纹轴的平面内测量。

（6）【标注】：引用为符号螺纹提供默认值的螺纹表条目。当【螺纹类型】是【详细】，或者对于符号螺纹而言【手工输入】选项可选时，该选项不出现。

（7）【螺纹钻尺寸】：【查找表】提供该选项的默认值。【轴尺寸】出现于外部符号螺纹；【丝锥尺寸】出现于内部符号螺纹。

（8）【Method】：用于定义螺纹加工方法，如滚、切削、磨和铣。选择可以由用户在默认值中定义，也可以不同于这些例子。该选项只出现于【符号的】螺纹类型。

（9）【Form】：用于决定用哪一个【查找表】来获取参数默认值。该选项只出现于【符号的】螺纹类型。

（10）【螺纹头数】：用于指定是要生成单头螺纹还是多头螺纹。

（11）【锥形】：勾选此复选框，则符号螺纹带锥度。

（12）【完整螺纹】：勾选此复选框，则当圆柱面的长度改变时符号螺纹将更新。

（13）【长度】：从选中的起始面到螺纹终端的距离，平行于轴测量。对于符号螺纹，提供默认值的是【查找表】。

（14）【手工输入】：该选项为某些选项输入值，否则这些值要由【查找表】提供。当此选项打开时【从表格中选择】选项关闭。

（15）【从表格中选择】：对于符号螺纹，该选项可以从【查找表】中选择标准螺纹表条目。

（16）【左/右旋转】：用于指定螺纹应该是【右旋】的（顺时针）还是【左旋】的（反时针），如图 6-117 所示。

（17）【选择起始】：该选项通过选择实体上的一个平面或基准面来为符号螺纹或详细螺纹指定新的起始位置。其中的【反转螺纹轴】选项能指定相对于起始面攻螺纹的方向。在【起始条件】下，【延伸过起始面】使系统生成详细螺纹直至起始面以外。【不延伸】

使系统从起始面起生成螺纹，如图 6-118 所示。

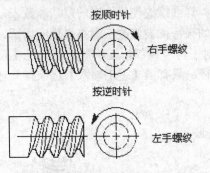

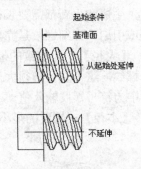

图 6-117　【右旋】与【左旋】示意图　　　　图 6-118　【起始条件】两选项比较

6.2.8　实例特征

实例是外形链接的特征，类似于副本。可以生成一个或多个特征的实例或特征组。因为一个特征的所有实例是相关的，可以编辑特征的参数而且那些改变将映射到特征的每个实例上。

执行【插入】→【关联复制】→【对特征形成图样】命令或单击【对特征形成图样】图标，则会激活该功能弹出如图 6-119 所示对话框。该选项从已有特征生成实例阵列，如图 6-120 所示。可以定义矩形阵列或圆周阵列。对话框部分选项功能如下：

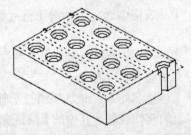

图 6-119　【对特征形成图样】对话框　　　　图 6-120　【实例特征】示意图

（1）【线性】：该选项从一个或多个选定特征生成引用的线性阵列。矩形阵列既可以是二维的（在 XC 和 YC 方向上，即几行特征），也可以是一维的（在 XC 或 YC 方向上，即一行特征）。其操作后示意图如图 6-121 所示。

（2）【圆形】：该选项从一个或多个选定特征生成实例的圆形阵列。其操作后示意图如图 6-122 所示。

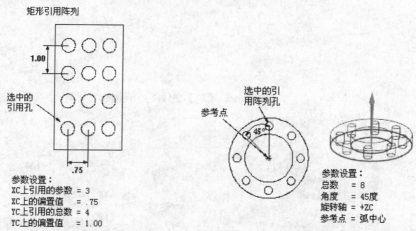

图 6-121 【矩形阵列】示意图　　　　　图 6-122 【圆形】阵列示意图

（3）【多边形】：该选项从一个或多个选定特征按照设置好的多边形参数生成图样的阵列。示意图如图 6-123 所示。

图 6-123 【多边形】阵列示意图

（4）【螺旋式】：该选项从一个或多个选定特征按照设置好的螺旋式参数生成图样的阵列。示意图如图 6-124 所示。

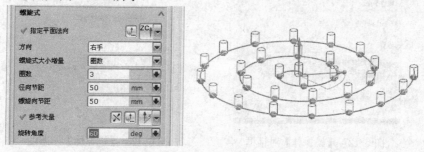

图 6-124 【螺旋式】阵列示意图

（5）【沿】：该选项从一个或多个选定特征按照绘制好的曲线生成图样的阵列。示意图如图 6-125 所示。

（6）【常规】：该选项从一个或多个选定特征在指定点处生成图样。示意图如图 6-126 所示。

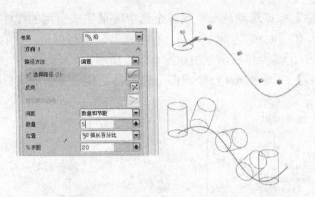

图 6-125 【沿】曲线阵列示意图

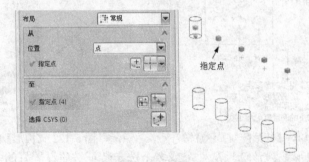

图 6-126 【常规】阵列示意图

6.2.9 镜像体

执行【插入】→【关联复制】→【镜像体】命令，则会激活该功能弹出如图 6-127 所示对话框。用于关于基准平面镜像整个体，如图 6-128 所示。

图 6-127 【镜像体】对话框

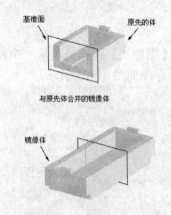

图 6-128 【镜像体】示意图

6.2.10 镜像特征

执行【插入】→【关联复制】→【镜像特征】命令，则会激活该功能弹出如图 6-129 所示对话框。通过基准平面或平面镜像选定特征的方法来生成对称的模型。要生成简单的镜像体，镜像特征可以在体内镜像特征，如图 6-130 所示。其对话框部分选项功能如下：

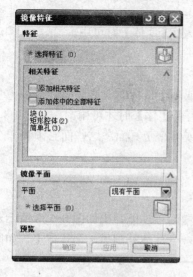

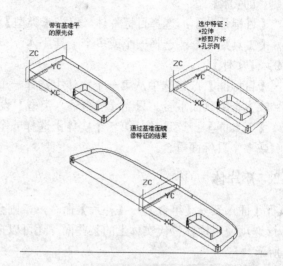

图 6-129 【镜像特征】对话框   图 6-130 【镜像特征】示意图

（1）【选择特征】：用于选择镜像的特征，直接在视图区选择。

（2）【相关特征】选项：

➢ 【添加相关特征】：勾选该复选框，则将选定要镜像特征的相关特征也包括在"候选特征"的列表框中。

➢ 【添加体中全部特征】：勾选该复选框，则将选定要镜像的特征所在实体中的所有特征都包含在"候选特征"列表框中。

（3）【镜像平面】：用于选择镜像平面，可在【平面】的下拉列表框中选择镜像平面，也可以通过选择平面按钮直接在视图中选取镜像平面。

6.2.11 缝合

执行【插入】→【组合】→【缝合】命令或单击【缝合】图标▥，则会激活该功能弹出如图 6-131 对话框。该选项把两个或更多片体连接到一起，从而生成一个片体，如果要缝合的这组片体包围一定的体积，则生成一个实体。该选项把还可以把两个共有一个或多个公共（重合）面的实体缝合到一起，如图 6-132 所示。对话框部分选项功能如下：

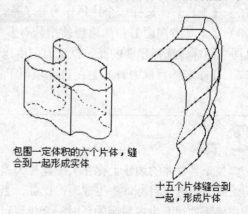

图 6-131 【缝合】对话框   图 6-132 【缝合】成体和片体示意图

（1）【片体】
➤ 【目标片体】：选择目标片体。仅当【类型】设为【片体】时可用。
➤ 【工具片体】：选择一个或多个工具片体。
（2）【实体】
➤ 【目标面】：该选项从第一个实体中选择一个或多个目标面。这些面必须和一个或多个工具面重合。只当【缝合输入类型】设为【实体】时才可用。
➤ 【工具面】：该选项从第二个实体上选择一个或多个工具面。这些面必须和一个或多个目标面重合。

6.2.12　补片体

执行【插入】→【组合】→【补片】命令，，则会激活该功能弹出如图 6-133 所示对话框。该选项使用片体替代实体上的某些面。还可以把一个片体补到另一个片体上，如图 6-134 所示。

图 6-133 【补片】对话框

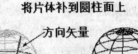
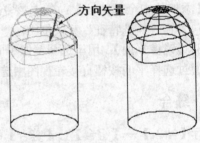

图 6-134 【补片】示意图

对话框部分选项功能如下：
（1）【目标】：选择一个体作为补丁特征的目标。
（2）【工具】：选择一个片体作为补丁特征的工具。
（3）【工具方向面】：如果想使用具有多个面的工具片体中的一个单个面，则点击"工具面"图标并选择想要的面。默认方向由选定面的法向矢量定义。
（4）【在实体目标中开孔】：该选项用于把一个封闭的片体补到目标体上以生成一个孔。

 提示

如果工具片体的边缘上存在大于建模公差的缝隙，则补丁操作不会按预计的执行。当新的边或面不能在目标体中生成时，比如，当工具片体的一个边不在目标体的一个面上时，或如果新的边不生成封闭的环时，会出现以下信息：不能定义补丁边界。

6.2.13 包裹几何体

执行【插入】→【偏置/缩放】→【包裹几何体】命令，则会激活该功能弹出如图 6-135 所示对话框。该选项通过计算要围绕实体的实体包层，用平面的凸多面体有效地收缩缠绕它，简化了详细模型，示意图如图 6-136 所示。

对话框部分选项功能如下：

（1）【几何体】：该选项可以在当前要缠绕的工作部件中选择任意数量的实体、片体、曲线或点。当选择【应用】时，系统会将输入的几何体转换为点，然后这些点缠绕在由平面构成的单个实体上。面将略微向外偏置，以确保缠绕包层包含所有选中的几何体。

图 6-135 【包裹几何体】对话框

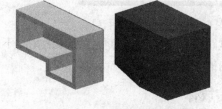

图 6-136 【包裹几何体】示意图

因为缠绕包容操作的结果是实体，所以指定的输入内容必须不能共面。

（2）【分割平面】：该选项可以使用平面来分割输入几何体。计算用于平面每一侧的分离包层，并将结果合并到单个体中。其操作后示意图如图 6-137 所示。

图 6-137 【分割平面】示意图

（3）【封闭缝隙】：该选项将指定一种方法来闭合偏置面之间可能存在的缝隙。

➢【尖锐】：扩展每一个平面，直到它与相邻的面相接。

➢【斜接】：在缝隙中添加平面来生成斜角效果。斜角不会比【距离公差】数据输入字段中指定的值小，从而避免在缠绕多面体中生成微小面。

➢【无偏置】：面没有偏置。这样可以加快缠绕的时间，但是结果中通常不包含原先的数据。

（4）【附加偏置】：该选项用于设置系统生成的包络体各个面的偏置范围之外的附加偏置。

（5）【分割偏置】：将正偏置应用到分割平面的每一侧。

（6）【距离公差】：该选项用于确定缠绕多面体的详细级别。对于曲线来说，该值代表最大弦偏差。对于体来说，该值代表面到曲面的最大偏差。该值默认为部件距离公差的 100 倍。

6.2.14 偏置面

执行【插入】→【偏置/缩放】→【偏置面】命令或单击【偏置面】图标，则会激活该功能，弹出如图 6-138 所示对话框。可以使用此选项沿面的法向偏置一个或多个面、体的特征或体。其操作后示意图如图 6-139 所示。

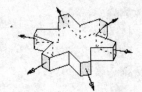
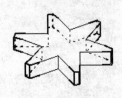

图 6-138 【偏置面】对话框   图 6-139 【偏置面】示意图

其偏置距离可以为正或为负，而体的拓扑不改变。正的偏置距离沿垂直于面而指向远离实体方向的矢量测量。

6.2.15 缩放体

执行【插入】→【偏置/缩放】→【缩放体】命令，则会激活该功能弹出如图 6-140 对话框。该选项按比例缩放实体和片体。可以使用均匀、轴对称或通用的比例方式，此操作完全关联。需要注意的是：比例操作应用于几何体而不用于组成该体的独立特征。其操作后示意图如图 6-141 所示。对话框部分选项功能如下：

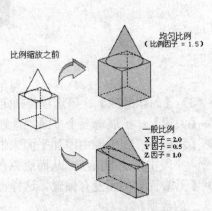

图 6-140 【缩放体】对话框   图 6-141 【缩放体】示意图

（1）【均匀】：在所有方向上均匀地按比例缩放。

➤　【体】：该选项为比例操作选择一个或多个实体或片体。所有的 3 个【类型】方法都要求此步骤。

➤　【缩放点】：该选项指定一个参考点，比例操作以它为中心。默认的参考点是当前工作坐标系的原点，可以通过使用指定点指定另一个参考点。该选项只用在【均匀】和【轴对称】类型中。

（2）【轴对称】：以指定的比例因子（或乘数）沿指定的轴对称缩放。这包括沿指定的轴指定一个比例因子并指定另一个比例因子用在另外两个轴方向。

➤　【缩放轴】：该选项为比例操作指定一个参考轴。只可用在【轴对称】方法。默认值是工作坐标系的 Z 轴。可以通过使用指定矢量来改变它。

（3）【常规】：在所有的 X、Y、Z 3 个方向上以不同的比例因子缩放。

➤　【缩放 CSYS】：启用【CSYS 方法】按钮。可以点击此按钮来打开【CSYS】对话框，可以用它来指定一个参考坐标系。

（4）【比例因子】：让用户指定比例因子（乘数），通过它来改变当前的大小。会需要一个、两个或三个比例因子，这取决于比例【类型】。

6.2.16　修剪体

执行【插入】→【修剪】→【修剪体】命令或单击【修剪体】图标，则会激活该功能弹出如图 6-142 所示对话框。使用该选项可以使用一个面、基准平面或其他几何体修剪一个或多个目标体。选择要保留的体部分，并且修剪体将采用修剪几何体的形状，如图 6-143 所示。

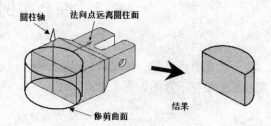

图 6-142　【修剪体】对话框　　　　　图 6-143　【修剪体】示意图

由法向矢量的方向确定目标体要保留的部分。矢量指向远离将保留的目标体部分。

6.2.17　拆分体

执行【插入】→【修剪】→【拆分体】命令或单击工具栏图标，则会激活该功能。此选项使用面、基准平面或其他几何体分割一个或多个目标体。操作过程类似于【修剪体】。其操作后示意图如图 6-144 所示。

该操作从通过分割生成的体上删除所有参数。当第一次选择该图标时会显示图 6-145 的警告。

如果不想从体上删除参数，选择【取消】。继续分割，选择【确定】按钮。如果再次选择【分割体】，则警告信息不会再次出现。如果发现不喜欢分割操作的结果，选择【编辑】→【撤销】来恢复体的参数。

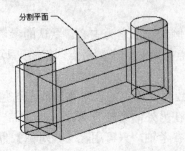

图 6-144 【拆分体】示意图

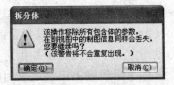

图 6-145 第一次使用警告对话框

6.2.18 布尔运算

执行【插入】→【联合体】→【求和/求差/求交】命令或单击工具栏图标 ，则会激活该功能,将原先存在的实体和/或多个片体结合起来(布尔运算如图 6-146～图 6-148 所示)。

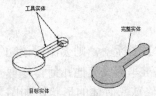

图 6-146 【求和】运算示意图

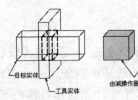

图 6-147 【求差】运算示意图

图 6-148 【求交】运算示意图

6.3　综合实例——穹顶

打开光盘附带文件：源文件\ 6\ qiongding_start.prt 零件，如图 6-149 所示。其完成后的最终示意图如图 6-150 所示。

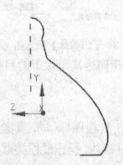

图 6-149 qiongding_start.prt 示意图

图 6-150 模型示意图

6.3.1 制作穹顶

（1）执行【插入】→【设计特征】→【回转】命令或单击工具栏图标 ，选取草图

SKETCH_000 层曲线，如图 6-151 所示。

（2）在【回转】对话框（如图 6-152 所示）中指定矢量下选取【自动判断矢量】选项，然后选取绘图区的中心线作为轴向。

图 6-151 选择旋转曲线

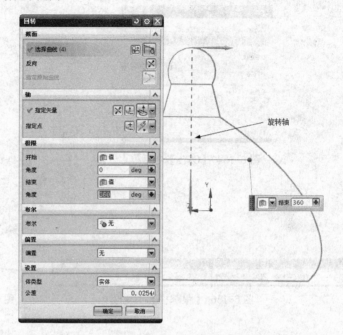

图 6-152 旋转方式选项

（3）在【回转】对话框中设置开始角度为 0，终止角度为 360，其余为默认值。单击【确定】按钮。完成后如图 6-153 所示。

图 6-153 回转完成示意图

（4）制作穿顶的周边装饰：单击【静态线框】图标，返回到线框显示模式；执行【格式】→【WCS】→【定向】命令，系统会弹出如图 6-154 所示对话框，选择图标。选择如图 6-155 所示样条曲线的端点用以放置调整后的坐标系。单击【确定】按钮完成坐标系的调整。

（5）执行【插入】→【曲线】→【基本曲线】命令，在弹出的对话框中选择【圆】选项，在如图 6-156 所示工具栏中输入半径为 3.00，圆心在原点的圆，注意输入数据后紧接着按下 Enter 键才有效，单击【取消】退出对话框。创建的圆如图 6-157 所示。

（6）执行【插入】→【扫掠】→【沿引导线扫掠】命令或单击【沿引导线扫略】图标，首先选择截面线串即上一步创建的圆，然后选择如图 6-158 所示样条曲线为引导线。

保留后续对话框中默认设置，设置如图 6-159 所示，单击【确定】按钮。因为后续实例的特征需要是整体的一部分，而不能单独实例，所以选择【求和】操作，完成扫掠体的创建。结果如图 6-160 所示。

图 6-154 【CSYS】对话框

图 6-155　调整坐标系的放置点

图 6-156 【跟踪栏】工具栏

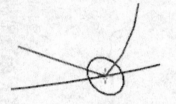

图 6-157 完成后的圆

图 6-158 选择扫掠曲线串

图 6-159 创建方式

（7）执行【插入】→【关联复制】→【对特征形成图样】命令，在系统弹出【对特征形成图样】对话框，选择上步扫略的实体，参数设置如图 6-161 所示，将【布局】设置为【圆形】，选择如图 6-162 所示中心线作为旋转轴，【指定点】为【圆心点】，选择底面圆心点为旋转中心。在【数量】文本框中设置为 12，【角度】文本框中设置为 30。进行阵列特征。

（8）单击【着色】图标，对实体进行着色显示模式。完成后阵列特征如图 6-163所示。

图 6-161 【实例】对话框

图 6-160 扫略实体

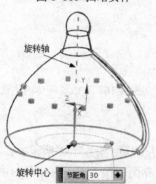

图 6-162 参考轴和参考点的获取

图 6-163 阵列完成后示意图

6.3.2 制作楼身

（1）按下 Ctrl+Shift+B 组合键，切换到消隐界面（如图 6-164 所示），按下 Ctrl+B 组合键将其中的 SKETCH_002 层草图对象隐藏至模型界面，按下 Ctrl+Shift+B 组合键，切换到模型界面如图 6-165 所示。

（2）执行【插入】→【设计特征】→【回转】命令或单击【回转】图标 ，选取草图 SKETCH_002 层曲线为回转曲线，单击【确定】按钮。

（3）选取绘图区的中心线作为轴向，单击【确定】按钮，如图 6-166 所示。

（4）在弹出的对话框中设置开始角度为 0，终止角度为 360，其余为默认值。单击【确定】按钮。完成后如图 6-167 所示。

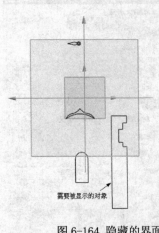

图 6-164 隐藏的界面

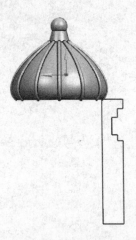

图 6-165 完成对象的显示

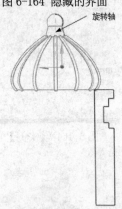

图 6-166 选择旋转轴

图 6-167 完成旋转体的生成

6.3.3 制作窗户

（1）按下 Ctrl+Shift+B 组合键，切换到消隐界面（如图 6-168 所示），按下 Ctrl+B 组合键将其中的 SKETCH_003 层草图对象隐藏至模型界面，按下 Ctrl+Shift+B 组合键，切换到模型界面如图 6-169 所示。

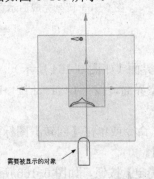

图 6-168 选择需要被显示的对象

图 6-169 显示对象后示意图

（2）执行【插入】→【设计特征】→【拉伸】命令或单击【拉伸】图标，选取刚刚显示出来的窗口曲线，如图 6-170 所示。在开始距离文本框中输入-120，在结束距离中输入 120，在布尔下拉列表中选择【求差】，如图 6-171 所示，单击【确定】按钮，完成拉伸。完成后如图 6-172 所示。

图 6-170 拉伸窗口　　　　　　　　图 6-171 拉伸对话框

图 6-172 完成拉伸后示意图　　　　　　图 6-173 【实例】对话框

（3）执行【插入】→【关联复制】→【对特征形成图样】命令，在系统弹出的对话框（如图6-173所示）中选择【圆形】，在【部件导航器中】选择【拉伸（27）】特征。设置【数量】文本框值为3，【角度】为120，单击【确定】按钮。在弹出的对话框中单击【点和方向】按钮，选取如图6-174所示参考轴和参考圆心点。单击【确定】完成阵列，对图形进行着色显示结果如图6-175所示。

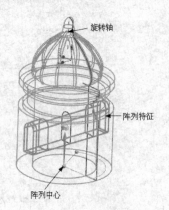

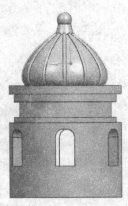

图6-174 选取阵列特征体　　　　　　　　　图6-175 阵列示意图

6.3.4 装饰添加

（1）添加楼顶图标：按下Ctrl+Shift+B组合键，切换到消隐界面（如图6-176所示），按下Ctrl+B组合键将其中的SKETCH_001层草图对象隐藏至模型界面，按下Ctrl+Shift+B组合键，切换到模型界面如图6-177所示。

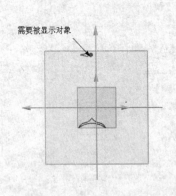

图6-176 需要被显示的对象　　　　　　　　图6-177 显示对象后示意图

（2）选中刚被显示的对象，左键双击，进入其对应的草图环境，进行对象的编辑，如图6-178所示。

（3）按下Ctrl+T组合键，弹出【移动对象】对话框，选取曲线对象，选取如图6-179所示对象，单击【指定轴点】按钮，选择圆心点。在弹出的对话框中输入角度90，在【非关联副本数】文本框中输入数值3，如图6-180所示。单击【确定】按钮完成。结果如图6-181所示。

（4）单击 （约束）图标，对如图6-182所示的点添加【点在曲线上】 的约束。

（5）单击 （快速修剪）图标，采取多余的曲线，使得图形成为中空的图案，如图 6-183 所示。单击 图标，退出草图环境。

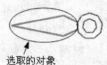

选取的对象

图 6-178　进入草图环境　　　　　　　图 6-179　选取变换对象

图 6-180　旋转参数设置　　　　　　　　图 6-181　完成变换操作后示意图

（6）执行【插入】→【设计特征】→【拉伸】命令或单击工具栏图标 ，选择刚刚编辑好的草图对象，设置拉伸距离为 8mm，完成拉伸操作后如图 6-184 所示。

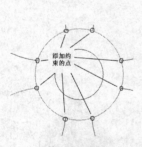

添加约束的点

图 6-182　需要添加约束的点　　　　　图 6-183　修剪后示意图　　　图 6-184　完成拉伸后的示意图

（7）添加穹顶装饰：按下 Ctrl+Shift+B 组合键，切换到消隐界面，如图 6-185 所示，按下 Ctrl+B 组合键将其中的 SKETCH_004 层草图对象隐藏至模型界面，按下 Ctrl+Shift+B 组合键，切换到模型界面，对图形进行线框显示，如图 6-186 所示。

（8）执行【插入】→【设计特征】→【拉伸】命令或单击【拉伸】图标 ，弹出【拉伸】对话框，选取刚刚被显示的对象为拉伸对象。设置【起始距离】值为 70，【结束距离】值为 100。在【布尔】下拉列表中选择【求和】操作，选取穹顶实体为【求和】的对象。单击【确定】按钮，如图 6-187 所示。

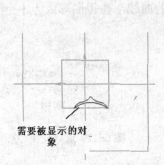

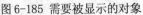

图 6-185 需要被显示的对象　　　　　　　图 6-186 显示对象后示意图

（9）执行【插入】→【关联复制】→【对特征形成图样】命令，利用"圆形阵列"阵列步骤（8）完成的拉伸体。设置其参考轴和参考阵列圆心，设置【数量】为 6，【角度】为 60。单击【确定】进行阵列，如图 6-188 所示。

图 6-188　完成步骤（8）后示意图　　　　　图 6-189　完成步骤（9）后示意图

（10）给窗户圆角：执行【插入】→【细节特征】→【边倒圆】命令或单击【边倒圆】图标，选取如图 6-189 所示窗户的各边（底边除外），设置倒角半径值为 12，单击【确定】按钮，完成倒圆角。

（11）按下 Ctrl+B 组合键，消隐掉所有的曲线。按下 Ctrl+J 组合键，设置穹顶及其装饰和楼身的 ID 为 131，顶部标志的显示颜色 ID 设置为 43。实体最后示意图如图 6-190 所示。

图 6-189　选择倒角对象　　　　　　　　　图 6-190　最终模型示意图

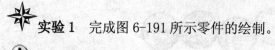

实验 1　完成图 6-191 所示零件的绘制。

操作提示：

（1）创建长方体。

（2）创建矩形垫块。

（3）拔模、倒角。

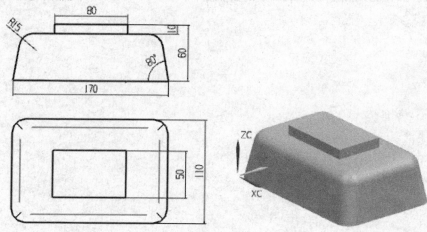

图 6-191　实验 1

实验 2　完成图 6-192 所示零件的绘制。

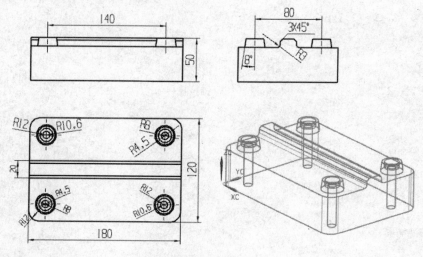

图 6-192　实验 2

操作提示：

（1）创建长方体、创建矩形垫块。

（2）创建腔体。

（3）打孔、倒圆角、倒斜角。

1．什么情况下需要自定义特征，如何创建和实例自定义特征？

2．当封闭线圈满足什么条件时，才能使用"有界平面"命令来创建片体？

3．对于圆角操作，UG 中提供了哪些圆角命令？在使用它们时，对选取的对象又有哪些要求？具体操作时，操作顺序上又需要注意些什么？

第7章 编辑特征

建模之后，往往还需要做一些特征的更改编辑工作，需要使用更为
□□□□可以对来自其他 CAD 系统的模型或是非参数化的模型，使用"同

□□编辑   ♣ 同步建模

7.1 特征编辑

特征编辑主要是完成特征创建以后，对特征不满意的地方进行编辑的过程。用户可以
重新调整尺寸、位置、先后顺序等，在多数情况下，保留与其他对象建立起来的关联性，
以满足新的设计要求。特征编辑工具栏如图 7-1 所示，其中命令分布在【编辑】→【特征】
子菜单下，如图 7-2 所示。

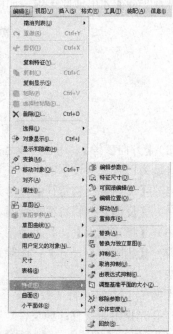

图 7-1 【编辑特征】工具栏   图 7-2 【编辑】→【特征】子菜单

7.1.1 编辑特征参数

执行【编辑】→【特征】→【编辑参数】命令或单击工具栏图标，则会激活该功能弹出如图 7-3 对话框。该选项可以在生成特征或自由形式特征的方式和参数值的基础上，编辑特征或曲面特征。用户的交互作用由所选择的特征或自由形式特征类型决定。

1. 编辑一般实体特征参数

当选择了"编辑参数"并选择了一个要编辑的特征时，根据所选择的特征，在弹出的对话框上显示的选项可能会改变，以下就几种常用对话框选项作一介绍：

（1）【特征编辑】：列出选中特征的参数名和参数值，并可在其中输入新值。所有特征都出现在此选项。

图 7-3

例如一个带槽的长方体，想编辑槽的宽度。选择槽后，它的尺寸就显示在图择宽度尺寸，在对话框中输入一个新值即可，如图 7-4 所示。

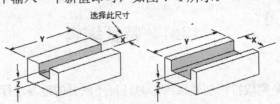

图 7-4 【特征编辑】示意图

（2）【重新附着】：重新定义特征的特征参考，可以改变特征的位置或方向。可以重新附着的特征才出现此选项，如图 7-5 所示。

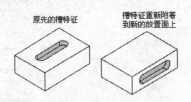

图 7-5 【重新附着】示意图

（3）【方向参考】：用它可以选择想定义一个新的水平特征参考还是竖直特征参考（默认始终是为已有参考设置的）。

（4）【反向】：将特征的参考方向反向。

（5）【反侧】：将特征重新附着于基准平面时，用它可以将特征的法向反向。

（6）【指定原点】：将重新附着的特征移动到指定原点，可以快速重新定位它。

（7）【删除定位尺寸】：删除选择的定位尺寸。如果特征没有任何定位尺寸，该选项就变灰。

【例 7-1】 编辑特征参数。

打开光盘附带文件：源文件\ 7\bianjitezheng.prt 零件，如图 7-6 所示。

（1）执行【编辑】→【特征】→【编辑参数】命令或单击【编辑特征参数】图标，

选择拉伸（18），单击【确定】按钮，如图 7-7 所示。

图 7-6　Sample_Character.prt 零件示意图　　　　图 7-7　选取拉伸特征

（2）弹出【拉伸】对话框，在【结束距离】中输入 20mm，单击【确定】按钮，完成特征参数的修改，结果如图 7-8 所示。

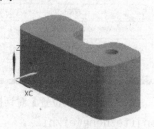

图 7-8　编辑特征结果

（3）将文件另存为"bianjitezhengcanshu"。

7.1.2　编辑位置

执行【编辑】→【特征】→【编辑位置】命令或单击【编辑位置】图标 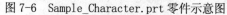，另外也可以在右侧"资源栏"的"部件导航器"相应对象上右击鼠标，在弹出的快捷菜单中选择编辑定位，则会激活该功能，弹出如图 7-9 所示对话框。该选项允许通过编辑特征的定位尺寸来移动特征。可以编辑尺寸值、增加尺寸或删除尺寸。对话框部分选项介绍如下：

（1）【添加尺寸】：用它可以给特征增加定位尺寸。

（2）【编辑尺寸值】：允许通过改变选中的定位尺寸的特征值，来移动特征。

（3）【删除尺寸】：用它可以从特征删除选中的定位尺寸。

需要注意的是：增加定位尺寸时，当前编辑对象的尺寸不能依赖于创建时间晚于它的特征体。例如，在图 7-10 中，特征按其生成的顺序编号。如果想定位特征 #2，不能使用任何来自特征 #3 的物体作标注尺寸几何体。

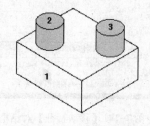

图 7-9　【编辑位置】对话框　　　　　　　图 7-10　特征顺序示意图

【例 7-2】　编辑孔位置。

打开例 7-1 所编辑后的结果文件：bianjitezhengcanshu。

（1）执行【编辑】→【特征】→【编辑位置】命令或单击【编辑位置】图标，选择简单孔(19)，单击【确定】按钮，如图 7-11 所示。

（2）弹出【编辑位置】对话框，如图 7-12 所示。选取【编辑尺寸值】按钮，依次编辑水平尺寸为 10mm 为 5mm，竖直尺寸为 8mm 为 5mm，连续单击【确定】按钮，完成位置的编辑，如图 7-13 所示。

 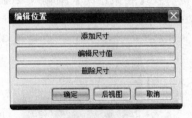 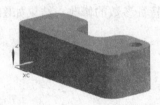

图 7-11　选取孔特征　　　图 7-12　【编辑位置】对话框　　　图 7-13　零件最终示意图

（3）将文件另存为"bianjitezhengweizhi"。

7.1.3　移动特征

执行【编辑】→【特征】→【移动】命令或单击【移动特征】图标，则会激活该功能，弹出如图 7-14 对话框。该选项可以把无关联的特征移到需要的位置。不能用此选项来移动位置已经用定位尺寸约束的特征。如果想移动这样的特征，需要使用【编辑定位尺寸】选项。对话框部分选项功能如下：

（1）【DXC、DYC、DZC】增量：用矩形（XC 增量、YC 增量、ZC 增量）坐标指定距离和方向，可以移动一个特征。该特征相对于工作坐标系作移动。

（2）【至一点】：用它可以将特征从参考点移动到目标点。

（3）【在两轴间旋转】：通过在参考轴和目标轴之间旋转特征，来移动特征，如图 7-15 所示。

 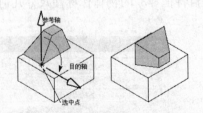

图 7-14　【移动特征】对话框　　　图 7-15　【在两轴间旋转】示意图

（4）【CSYS 到 CSYS】：将特征从参考坐标系中的位置重定位到目标坐标系中。

7.1.4 特征重排序

执行【编辑】→【特征】→【重排序】命令或单击【特征重排序】图标 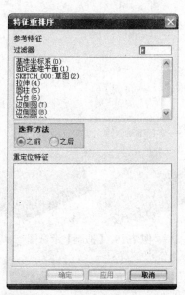，则会激活该功能，弹出如图 7-16 所示对话框。该选项允许改变将特征应用于体的次序。在选定参考特征之前或之后可对所需要的特征重排序。对话框部分选项功能如下：

【参考特征】：列出部件中出现的特征。所有特征连同其圆括号中的时间标记一起出现于列表框中。

【选择方法】：该选项用来指定如何重排序重定位特征，允许选择相对参考特征来放置重定位特征的位置。

➤【之前】：选中的重定位特征将被移动到参考特征之前。

➤【之后】：选中的重定位特征将被移动到参考特征之后。

【重定位特征】：允许选择相对于参考特征要移动的重定位特征。

7.1.5 替换特征

执行【编辑】→【特征】→【替换】命令或单击【替换特征】图标 ，则会激活该功能弹出如图 7-17 所示对话框。

图 7-16　【特征重排序】对话框　　　　图 7-17　【替换特征】对话框

该选项可改变设计的基本几何体，而无需从头开始重构所有依附特征。允许替换体和基准，并允许将依附特征从先前的重新应用到新特征上，从而保持与后段流程特征的关联。

对话框部分选项功能如下：

（1）【要替换的特征】：选择要替换的原先的特征。原先的特征可以是相同体上的一组特征、一个基准平面特征或一个基准轴特征。

（2）【替换特征】：选择一些特征作为替换特征，来替换【Feature to Replace】选择步骤中选中的那些特征。

（3）【映射】：该选项允许为替换子特征来选择新的父特征。

（4）【删除原始特征】：允许保存替换特征而不是删除它们。关闭该切换使系统删除被替换的特征。

7.1.6　抑制特征和释放

（1）执行【编辑】→【特征】→【抑制】命令或单击【抑制特征】图标 ，则会激活该功能弹出如图 7-18 所示对话框。该选项允许临时从目标体及显示中删除一个或多个特征，当抑制有关联的特征时，关联的特征也被抑制，如图 7-19 所示。

实际上，抑制的特征依然存在于数据库里，只是将其从模型中删除了。因为特征依然存在，所以可以用【取消抑制特征】调用它们。如果不想让对话框中【选定的特征】列表里包括任何依附，可以关闭【列出依附的】（如果选中的特征有许多依附的话，这样操作可显著地减少执行时间）。

（2）执行【编辑】→【特征】→【取消抑制特征】命令或单击【取消抑制特征】图标 ，则会该选项可调用先前抑制的特征。如果【编辑时延迟更新】是激活的，则不可用。

图 7-18　【抑制特征】对话框

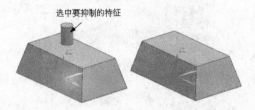

选中要抑制的特征

图 7-19　【抑制】示意图

7.1.7　由表达式抑制

执行【编辑】→【特征】→【由表达式抑制】命令或单击工具栏图标 ，则会激活该功能，弹出如图 7-20 所示对话框。该选项可利用表达式编辑器用表达式来抑制特征，此表达式编辑器提供一个可用于编辑的抑制表达式列表。对话框部分选项功能如下：

（1）【为每个创建】：允许为每一个选中的特征生成单个的抑制表达式。对话框显示所有特征，可以是被抑制的，或者是被释放的以及无抑制表达式的特征。如果选中的特征被抑制，则其新的抑制表达式的值为 0，否则为 1。按升序自动生成抑制表达式（即 p22、p23、p24 ....）。

图 7-20　【由表达式抑制】对话框

（2）【创建共享的】：允许生成被所有选中特征共用的单个抑制表达式。对话框显示所有特征，可以是被抑制的，或者是被释放的以及无抑制表达式的特征。所有选中的特征必须具有相同的状态，或者是被抑制的或者是被释放的。如果它们是被抑制的，则其抑制表达式的值为 0，否则为 1。当编辑表达式时，如果任何特征被抑制或被释放，则其他有相同表达式的特征也被抑制或被释放

（3）【为每个删除】：允许删除选中特征的抑制表达式。对话框显示具有抑制表达式的所有特征。

（4）【删除共享的】：允许删除选中特征的共有的抑制表达式。对话框显示包含共有的抑制表达式的所有特征。如果选择特征，则对话框高亮显示共有该相同表达式的其他特征。

7.1.8 移除参数

执行【编辑】→【特征】→【移除参数】命令或单击工具栏图标，则会激活该功能弹出如图 7-21 所示对话框。该选项允许从一个或多个实体和片体中删除所有参数。还可以从与特征相关联的曲线和点删除参数，使其成为非相关联。如果【编辑时延迟更新】是激活的，则不可用。

图 7-21　【移除参数】对话框

提示

一般情况下，用户需要传送自己的文件，但不希望别人看到自己的建模过程的具体参数，可以使用该方法去掉参数。

7.1.9 编辑实体密度

执行【编辑】→【特征】→【实体密度】命令或单击【编辑实体密度】图标，则会激活该功能弹出如图7-22所示对话框。该选项可以改变一个或多个已有实体的密度和/或密度单位。改变密度单位，让系统重新计算新单位的当前密度值，如果需要也可以改变密度值。

图 7-22 【指派实体密度】对话框

7.1.10 特征回放

执行【编辑】→【特征】→【回放】命令或单击工具栏图标，则会激活该功能，弹出如图7-23所示对话框。用该选项可以逐个特征地查看模型是如何生成的。

当模型更新时，也可以编辑模型。可以向前或向后移动任何特征，然后编辑它。然后移向另一个特征。或者随时都可以启动模型的更新，从当前特征开始，一直持续到模型完成或特征更新失败。

如果在模型"更新"过程中出现失败或警告，就会出现"更新时编辑"（EDU）程序。在一系列操作过程中模型可以更新，这些操作包括特征更新、抑制和删除。如果更新过程中出现了问题，EDU 就会显示。【回放】也启动 EDU，从第一个特征开始更新。

对话框部分选项功能如下：

（1）【信息窗口】：它显示所有的应用错误或警告信息，还显示当前更新的特征是成功的还是失败的。

图 7-23 【在更新时编辑】对话框

（2）【显示失败的区域】：临时显示失败的几何体。此选项只有当失败牵涉到的对象（如工具体）可用于显示时才可用。

（3）【显示当前模型】：显示模型成功地重新建立的部分。有些特征，比如阵列中的引用，直到重新建立了最后相关的特征之后，才出现在当前模型中。

（4）【后处理恢复更新状态】：用它可以指定完成所选的图标选项后发生什么。

（5）【继续】：从它停止的地方重新开始自动更新进程。

（6）【暂停】：选择其他的"更新时编辑"选项，而不是自动恢复更新。

（7）【图标选项】：可用于模型的查看和编辑选项。

【撤销】：开始更新前，撤销对模型做的最后一次修改。

【回到】：从模型中移回到从"更新选择"对话框选中的特征。对话框含有在当前特征之前生成的特征列表，列表按生成的顺序排列。

【单步后退】：用它可以在模型中一次移回一个特征。

【步进】：在模型中一次前进一个特征。

【单步向前】：用它可以从模型移动到选定的特征。这种情况下，【更新选择】对话框列出还没有重新建立的特征。

【继续】：启动更新进程，它一直继续到模型完全重新建立或特征失败为止。

【接受】：将更新进程中失败或停止的当前特征标记为"过时"，忽略问题，让系统继续执行，完成更新进程。更新完成后，可以检查【信息】→【特征】中的【更新状况报告】上特征的状态和它失败的原因。编辑特征以更正问题，自动从【更新状态报告】去除【过时】标记。

【接受保留的】：将所有更新失败的特征和它们的依附标记为【过时】，忽略问题，让系统继续执行，完成更新进程。

【删除】：用于删除更新失败的特征。

【抑制】：抑制当前被更新的特征。

【抑制保留】：抑制当前被更新的特征和所有的后续特征。

【审核模型】：用菜单条或鼠标中键弹出菜单中的选项，来分析但不能编辑重新建立的模型。

【编辑】：改变当前被更新的特征的参数或重定位选中的或失败的特征。

7.2　同步建模

同步建模技术扩展了 UG 的某些较基本的功能。其中包括面向面的操作，基于约束的方法，圆角的重新生成和特征历史的独立。可以对来自其他 CAD 系统的模型或是非参数化的模型，使用同步建模功能。

同步建模工具栏如图 7-24 所示，其中命令分布在【插入】→【同步建模】子菜单下，如图 7-25 所示。

图 7-24　【同步建模】工具栏

图 7-25 【插入】→【同步建模】子菜单

7.2.1 调整面大小

执行【插入】→【同步建模】→【调整面大小】命令或单击工具栏图标，则会激活该功能，弹出如图 7-26 对话框。该选项可以改变圆柱面或球面的直径，以及锥面的半角，还能重新生成相邻圆角面。

【调整面大小】忽略模型的特征历史，是一种修改模型的快速、直接的方法。它的另一个好处是能重新生成圆角面。其操作前后示意图如图 7-27 所示。

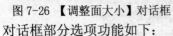

图 7-26 【调整面大小】对话框　　　　图 7-27 【调整面大小】操作前和操作后示意图

对话框部分选项功能如下：

（1）【面查找器】：选择需要重设大小的圆柱面、球面或锥面。当选择了第一个面后，直径或半角的值显示在【直径】或【半角】字段的下面。

（2）【直径】：为所有选中的圆柱或球的直径指定新值。

【例 7-3】调整孔直径大小。

打开光盘附带文件：源文件\ 7\sample_body.prt 零件，如图 7-28 所示。

图 7-28 body.prt 零件

（1）执行【插入】→【同步建模】→【调整面大小】命令或单击【调整面大小】图标，选取内孔表面，设置变化后的直径值为 0.5mm，如图 7-29 所示。

（2）单击【确定】按钮，完成面的调整，如图 7-30 所示。

图 7-29 选取被调整的面

图 7-30 调整面后示意图

（3）将文件另存为"tiaozhengmian"。

7.2.2 偏置区域

执行【插入】→【同步建模】→【偏置区域】命令或单击【偏置区域】图标，则会激活该功能，弹出如图 7-31 对话框。

该选项可以在单个步骤中偏置一组面或一个整体。相邻的圆角面可以有选择地重新生成。可以使用与【抽取几何体】选项下的【抽取区域】相同的种子和边界方法抽取区域来指定面，或是把面指定为目标面。【偏置区域】忽略模型的特征历史，是一种修改模型的快速而直接的方法。它的另一个好处是能重新生成圆角。

模具和铸模设计有可能使用到此选项，如使用面来进行非参数化部件的铸造。

图 7-31 【偏置区域】对话框

对话框部分选项功能如下：

（1）【选择面】：指定一个或多个面作为要偏置的面。

（2）【距离】：指定偏置值。该值可正可负。

7.2.3 替换面

执行【插入】→【同步建模】→【替换面】命令或单击【替换面】图标，则会激活该功能，弹出如图 7-32 所示对话框。

该选项能够用另一个面替换一组面，同时还能重新生成相邻的圆角面。当需要改变面的几何体时，比如需要简化它或用一个复杂的曲面替换它时，就可以使用该选项。甚至可以在非参数化的模型上使用【替换面】命令。其操作前后示意图如图 7-33 所示。

图 7-32 【替换面】对话框

图 7-33 【替换面】操作前后示意图

对话框部分选项功能如下：

（1）【要替换的面】：选择一个或多个要替换的面。允许选择任意面类型。

（2）【替换面】：选择一个面来替换目标面。只可以选择一个面，在某些情况下对于一个替换面操作会出现多种可能的结果，可以用【反向】切换按钮在这些可能之间进行切换。

7.2.4 调整圆角大小

执行【插入】→【同步建模】→【细节特征】→【调整倒圆大小】命令或单击【调整圆角大小】图标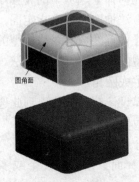，则会激活该功能，弹出如图 7-34 所示对话框。该选项允许用户编辑圆角面半径，而不用考虑特征的创建历史，可用于数据转换文件及非参数化的实体。可以在保留相切属性的同时创建参数化特征，该选项可以更为直接、更为高效地运用参数化设计。其操作后示意图如图 7-35 所示。

图 7-34 【调整圆角大小】对话框   图 7-35 【调整圆角大小】示意图

【例 7-4】调整圆角大小。

打开光盘附带文件：源文件\ 7\tiaozhengmian.prt 零件将其另存为 tiaozhengjiao 零件。

（1）执行【插入】→【同步建模】→【调整倒圆大小】命令或单击【调整圆角大小】图标，弹出【调整倒圆大小】对话框，选取要被重新倒圆的区域，如图 7-36 所示。

（2）设置变化后的圆角值为 0.3，单击【确定】按钮，完成编辑，如图 7-37 所示。

图 7-36 选取被调整的圆角   图 7-37 最终示意图

7.3　综合实例——轴的同步建模

打开光盘附带文件：源文件\7\ book_07_03.prt 零件，如图 7-38 所示。结合本章所讲解的功能，通过实例的综合运用，加强对这些功能进一步的理解。图 7-39 所示为模型最终示意图。

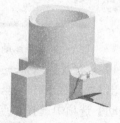

图 7-38 book_07_03.prt 示意图   图 7-39 最终示意图

主要利用同步建模技术完成对对象的如下操作：面的约束、调整面大小、区域的偏置、面的替换、局部比例、调整圆角大小等。

（1）执行【格式】→【图层设置】命令，系统会弹出如图 7-40 所示对话框，设置其中的第 3 层为"可见"。完成设置后如图 7-41 所示。

（2）执行【插入】→【同步建模】→【相关】→【设为共面】命令或单击【设为共面】图标，系统会弹出【设为共面】对话框，在工作绘图区选择待拉伸零件底面为运动面，操作过程如图 7-42 所示。

（3）在绘图工作区选择地面下方的基准面为固定面，如图 7-43 所示。单击【确定】按钮完成实体的共面操作，结果如图 7-44 所示。

图 7-40 【图层设置】对话框

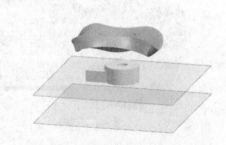

图 7-41　完成图层设置后示意图

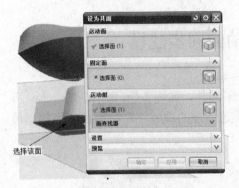

图 7-42 选择运动面

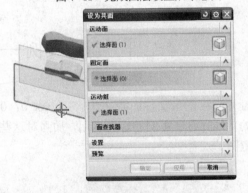

图 7-43 选择固定面

（4）执行【插入】→【同步建模】→【移动面】命令或单击【移动面】图标 ，系统会弹出【移动面】对话框，在工作绘图区选择如图所示的面要移动的面，如图 7-45 所示；在【运动】选项中选择"点之间的距离"。

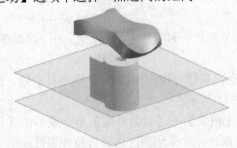

图 7-44 共面操作示意图

图 7-45 选择移动面

（5）在视图中拾取移动面的端点和圆柱的圆心，在【矢量】下拉列表中选择+ZC 轴。在【距离】文本框中输入-2。对话框中设置如图 7-46 所示。单击【确定】按钮完成本次操作。模型如图 7-47 所示。

（6）执行【插入】→【同步建模】→【调整面大小】命令或单击【调整面大小】图标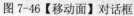，在工作绘图区选择如图 7-48 所示的面为要调整的面。

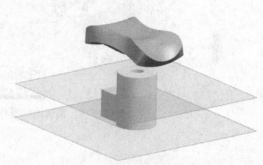

图 7-46【移动面】对话框　　　　　　　　图 7-47 完成移动后示意图

（7）在对话框中的"直径"文本框中输入 4，单击【确定】按钮完成本次操作，操作过程如图 7-48 所示。完成操作后模型如图 7-49 所示。

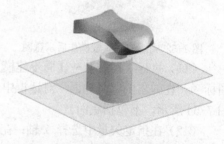

图 7-48 调整面大小操作示意图　　　　　　图 7-49 完成面大小调整后示意图

（8）执行【插入】→【同步建模】→【偏置区域】命令或单击【偏置区域】图标，首先在工作绘图区中选择要偏置的面，在对话框的【偏置】文本框中输入数据，然后单击【应用】按钮，操作过程如图 7-50 所示。

（9）选择新的要偏置的面，即柱体的内壁，在【偏置】文本框中输入-2，单击【应用】按钮。操作过程如图 7-51 所示。完成本次操作后模型如图 7-52 所示。

（10）执行【插入】→【同步建模】→【细节特征】→【调整倒圆大小】命令或单击【调整圆角大小】图标，在工作绘图区选择需要调整的圆角对象，然后在对话框的【半径】文本框中输入新半径值 1，单击【确定】按钮完成本次操作，操作过程如图 7-53 所示。

图 7-50　偏置外围操作示意图

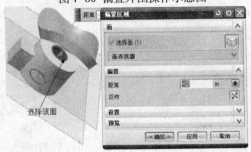

图 7-51　偏置内壁操作示意图

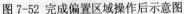

图 7-52　完成偏置区域操作后示意图　　　　图 7-53　重新倒圆角操作过程示意图

（11）执行【插入】→【同步建模】→【重用】→【阵列面】命令或单击【阵列面】
图标 ，在弹出的"阵列面"对话框中选择【圆形阵列】类型，在工作绘图区选择面（如
图 7-54 所示，不包括底面）。

（12）在指定矢量中选择+Z 轴；在指定点下拉列表中选择 ，捕捉圆心，并在【圆数
量】和【角度】文本框中设置 4 和 90，其操作过程如图 7-54 所示。单击【确定】按钮完
成本次操作。完成后模型示意图如图 7-55 所示。

（13）执行【格式】→【图层设置】命令，在其中设置其中的第 6 层为"可见的"。
完成设置后工作区如图 7-56 所示。

（14）执行【插入】→【同步建模】→【替换面】命令或单击【替换面】图标 ，在
弹出【替换面】对话框后，选取要被替换的面，选择替换面，单击【确定】按钮完成本次
操作，操作过程如图 7-57 所示。

（15）同理，再次利用【替换面】操作来处理圆柱的上表面，其操作过程如图 7-58
所示，结果如图 7-59 所示。

图 7-54 "阵列面"操作过程

图 7-55 完成"图样面"操作后示意图

图 7-56 显示第 6 图层后示意图

图 7-57 替换底面操作过程示意图

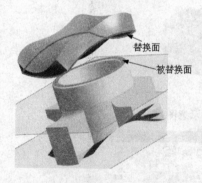

图 7-58 替换圆柱上表面示意图

图 7-59 完成"替换面"操作后示意图

（16）利用 Ctrl+B 组合键将工具体、工具面和基准面隐藏，最后模型如图 7-60 所示。

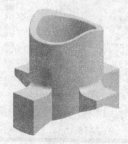

图 7-60 最终示意图

实验 1　打开光盘文件：源文件\7\exercise\ book_07_01.prt，如图 7-61 所示。完成如图 7-62 所示特征抑制操作。

图 7-61 特征抑制前示意图　　　　　　　　　　图 7-62 特征抑制后示意图

操作提示：

（1）执行【编辑】→【特征】→【抑制】命令或在导航器中抑制特征

（2）依次抑制"抽壳"、"凸垫"和"倒角"特征

实验 2　打开光盘文件：源文件\7\exercise\ book_07_02.prt，完成如图 7-63 所示特征参数移除操作。变量表如图 7-64、图 7-65 所示。

图 7-63 零件示意图

图 7-64 移除参数前变量表

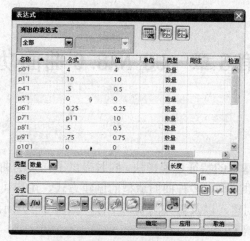

图 7-65 移除参数后变量表

 操作提示：

执行【编辑】→【特征】→【移除参数】命令。

1. 仅希望传输实体模型给别人，但不希望别人获得实体的特征参数信息和建模过程，该怎么办？

2. 使用"同步建模"命令时，需要注意什么？

第 8 章 UG NX8.0 曲面功能

☞ 本章导读

UG 中不仅提供了基本的特征建模模块，同时提供了强大的曲面特征建模及相应的编辑和操作功能。UG 中提供了 20 多种曲面造型的创建方式，用户可以利用他们完成各种复杂曲面及非规则实体的创建，以及相关的编辑工作，如图 8-1 所示。强大的自由曲面功能是 UG 众多模块功能中的亮点之一。

图 8-1 曲面创建示意图

✌ 内容要点

♣ 曲面创建 ♣ 曲面编辑 ♣ 曲面分析

8.1 曲面创建

本节中主要介绍最基本的曲面命令，即通过点和曲线构建曲面。再进一步介绍由曲面创建曲面的命令功能，掌握最基本的曲面造型方法。

8.1.1 通过点或极点构建曲面

执行【插入】→【曲面】→【通过点】命令或【插入】→【曲面】→【从极点】命令，或者单击工具栏图标 ◈，则会激活该功能，弹出如图 8-2 所示对话框。

（1）【通过点】命令可以定义体将通过的点的矩形阵列。体插补每个指定点。使用这个选项，可以很好地控制体，使它总是通过指定的点。

（2）【从极点】命令可以指定点为定义片体外形的控制网的极点（顶点）。使用极点可以更好地控制体的全局外形和字符。使用这个选项也可以更好地避免片体中不必要的波动（曲率的反向），如图 8-3 所示。

（3）【通过点】和【从极点】对话框上的选项相同，各选项功能如下：

1）【补片类型】：该选项用于指定生成单面片或多面片的体，如图 8-4 所示。

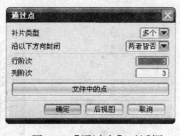

图 8-2 【通过点】对话框

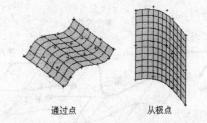

图 8-3 【通过点】和【从极点】示意图

单个面片体

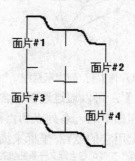

多个面片体

图 8-4 【补片类型】示意图

➢【单个】：生成仅由一面片组成的体。

➢【多个】：生成由单面片矩形阵列组成的体。

2)【沿一下方向封闭】：该选项可以使用下列选项选择一种方式来封闭一个多面片片体。

➢【两者皆否】：片体以指定的点开始和结束，如图 8-5 所示。

➢【行】：点/极点的第一列变成最后一列，如图 8-6 所示。

➢【列】：点/极点的第一行变成最后一行。

➢【两者皆是】：在两个方向（行和列）上封闭体。

以沿两者都布封闭方式生成片体

以沿行封闭方式生成片体

通过点

从极点

通过点

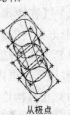

从极点

图 8-5 【两者皆否】封闭示意图　　　　图 8-6 【行】封闭示意图

如果选择在两个方向上封闭体，或在一个方向上封闭体并且另一个方向的端点是平的，则生成实体。

3)【行阶次】：即 U 向，可以为多面片指定行阶次（1～24），其默认值为 3。对于单面片来说，系统决定行阶次从点数最高的行开始，如图 8-7 所示。

4)【列阶次】：即 V 向，可以为多面片指定列阶次（最多为指定行的阶次减一），其默认值为 3，如图 8-8 所示。对于单面片来说，系统将此设置为指定行的阶次减一。

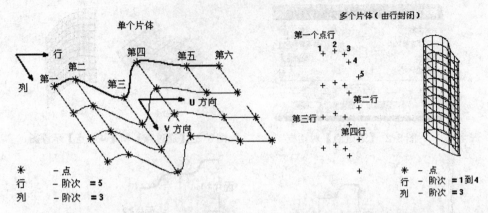

图 8-7 【单片体】行/列次示意图　　　　图 8-8 【多片体】行/列次示意图

5）【文件中的点】：可以通过选择包含点的文件来定义这些点。有 3 种点文件类型：一系列点、带有切矢和曲率的一系列点和点行。

每个点在单独行上用它的 XYZ 坐标来描述，用制表符或空格分开，如图 8-9 所示。

这是一个 "系列点" 文件，包含定义一条曲线的 5 个点

```
1.0    0.0    0.0
2.0    1.0    0.0
3.0    2.0    0.0
4.0    1.0    0.0
5.0    0.0    0.0
```

点的 XYZ 坐标

图 8-9 【文件的点】示意图　　　　图 8-10 【过点】对话框

当用户完成【通过点】或【从极点】对话框设置后，系统会弹出如图 8-10 所示【过点】对话框，用户可利用该对话框选取定义点，但该对话框选项仅用于根据点定义的命令中。对话框各选项功能介绍如下：

（1）【全部成链】：该选项用于链接窗口中已存在的定义点，但点与点之间需要一定的距离。它用来定义起点与终点，获取起点与终点之间链接的点。

（2）【在矩形内的对象成链】：用于通过拖动鼠标定义矩形方框来选取定义点，并链接矩形方框内的点。

（3）【在多边形内的对象成链】：用于通过鼠标来定义多边形方框来选取定义点，并链接多边形方框内的点。

（4）【点构造器】：通过点构造器来选取定义点的位置。每指定一行点后，系统都会用对话框提示【是】或【否】确定当前定义点。

【例 8-1】通过定义点创建曲面。

（1）新建文件 Point_Surf.prt，利用 ╱（直线）在绘图区创建如 8-11 所示 4 条直线。

（2）执行【插入】→【曲面】→【通过点】命令，在弹出的对话框中设置【补片类型】为【单个】，如图 8-12 所示，单击【确定】按钮，在其后弹出的对话框中选取【点构造器】选项，如图 8-13 所示。

（3）依次选取各直线上端点，共 4 点，单击【确定】按钮，在弹出的对话框中选取【是】确定点的获取，如图 8-14 所示；再依次选取各直线下端点，共 4 点，单击【确定】

按钮，在弹出的对话框中选取【是】，确定点的获取。

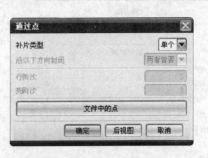

图 8-11　创建直线段　　　　　　图 8-12　【通过点】对话框设置

图 8-13　【过点】对话框　　　　　　图 8-14　确定选取点

（4）在弹出的对话框中选取【所有指定的点】，如图 8-15 所示，完成曲面的生成。如图 8-16 所示。

图 8-15　生成曲面　　　　　　图 8-16　最后效果图

8.1.2　从点云构面

执行【插入】→【曲面】→【从点云】命令，则会激活该功能，弹出如图 8-17 所示对话框。

该选项让用户生成一个片体，它近似于一个大的点云，通常由扫描和数字化产生。虽然有一些限制，但此功能让用户从很多点中用最少的交叉生成一个片体。得到的片体比用"过点"方式从相同的点生成的片体要"光顺"得多，但不如后者更接近于原始点。

对话框相关选项功能如下：

（1）　【选择点】：当此图标激活时，让用户选择点。

（2）【文件中的点】：让用户通过选择包含点的文件来定义这些点。

（3）【U/V 向阶次】：让用户在 U 向和 V 向都控制片体的阶次。默认的阶次 3 可以改变为从 1～24 之间的任何值（建议使用默认值 3）。

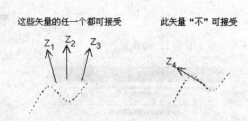

图 8-17 【从点云】对话框   图 8-18 矢量选择示意图

（4）【U/V 向补片数】：让用户指定各个方向的补片的数目。各个方向的阶次和补片数的结合控制着输入点和生成的片体之间的距离误差。

（5）【坐标系】：由一条近似垂直于片体的矢量（对应于坐标系的 Z 轴）和两条指明片体的 U 向和 V 向的矢量（对应于坐标系的 X 轴和 Y 轴）组成。

（6）【选择视图】：U-V 平面在视图的平面内，并且法向矢量位于视图的法向。U 矢量指向右，并且 V 矢量指向上。如果在选择点以后，旋转视图（或以某种其他方式修改它），则此坐标系可能会与"当前视图"坐标系不同。记住此坐标系的法向矢量不需要精确是很重要的。仅须满足以下要求：当沿矢量从上到下的方向观察点时，它们不构成在其自身下面折叠的片体。很多矢量可以满足这个要求（如图 8-18 所示）。如果指定的法向矢量妨碍这个要求，得到的片体将明显不同而且可能不是所需的。

➢【WCS】：当前的"工作坐标系"。

➢【当前视图】：当前工作视图的坐标系。

➢【指定的 CSYS】：选择由使用指定新的 CSYS 事先定义的坐标系。

➢【指定新的 CSYS】：调出坐标系构造器，可以用来指定任何坐标系。

（7）【边界】：让用户定义正在生成片体的边界。片体的默认边界是通过把所有选择的数据点投影到 U-V 平面上而产生的。

➢【最小包围盒】：包围这些点的最小矩形被找到并沿着法向矢量投影到点云上。

➢【指定的边界】：沿法线方向，并以选取框选取来指定新的边界。

➢【指定新的边界】：定义新边界，并应用于指定的边界。

（8）【重置】：该选项让用户生成另一个片体而不用离开对话框。

（9）【应用时确认】：勾选此复选框，打开【应用时确认】对话框，让用户预览结果，并接受、拒绝或分析它们。

8.1.3 直纹面

执行【插入】→【网格曲面】→【直纹】命令或者单击【直纹】图标，则会激活该功能，在依次选取完截面线串后，系统会弹出如图 8-19 所示对话框。

直纹生成通过两条曲线轮廓线的直纹体（片体或实体），如图 8-20 所示。曲线轮廓线称为截面线串。

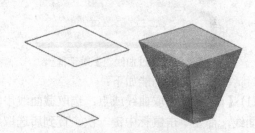

图 8-19　【直纹】对话框　　　　　　　　　　图 8-20　【直纹面】示意图

截面线串可以由单个或多个对象组成。每个对象可以是曲线、实边或实面。也可以选择曲线的点或端点作为两个截面线串中的第一个。

对话框相关选项功能如下：

（1）【截面线串 1】：截面线串 1：单击选择第一组截面曲线。

（2）【截面线串 2】：单击选择第二组截面曲线。

要注意的是在选取截面线串 1 和截面线串 2 时两组的方向要一致，如果两组截面线串的方向相反，生成的曲面是扭曲的。

（3）【对齐】：通过直纹面来构建片体需要在两组截面线上确定对应点后用直线将对应点连接起来，这样一个曲面就形成了。因此调整方式选取的不同改变了截面线串上对应点分布的情况，从而调整了构建的片体。在选取线串后可以进行调整方式的设置如图 5-17 所示。调整方式包括参数和根据点两种方式。

（4）【公差】："公差"选项指距离公差，可用来设置选取的截面曲线与生成的片体之间的误差值。设置值为零时，将会完全沿着所选取的截面曲线构建片体。

8.1.4　通过曲线组

执行【插入】→【网格曲面】→【通过曲线组】命令，或者单击工具栏图标 ![icon]（通过曲线），则会激活该功能，在依次选取完截面线串后，系统会弹出如图 8-21 所示对话框。

该选项让用户通过同一方向上的一组曲线轮廓线生成一个体,如图 8-22 所示。这些曲线轮廓称为截面线串。用户选择的截面线串定义体的行。截面线串可以由单个对象或多个对象组成。每个对象可以是曲线、实边或实面。

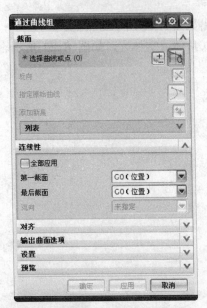

图 8-21【通过曲线组】对话框

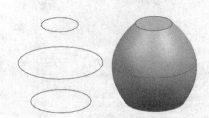

图 8-22 【通过曲线组】示意图

对话框相关选项功能如下：

（1）【截面】：选取曲线或点：选取截面线串时，一定要注意选取次序，而且每选取一条截面线，都要单击鼠标中键一次，直到所选取线串出现在"截面线串列表框"中为止，也可对该列表框中的所选截面线串进行删除、上移、下移等操作，以改变选取次序。

（2）【连续性】选项：

【第一个截面】：约束该实体使得它和一个或多个选定的面或片体在第一个截面线串处相切（或曲率连续）。

【最后截面】：约束该实体使得它和一个或多个选定的面或片体在最后一个截面线串处相切或曲率连续。

（3）【对齐】：让用户控制选定的截面线串之间的对准。

➢ 【参数】：沿定义曲线将等参数曲线要通过的点以相等的参数间隔隔开。使用每条曲线的整个长度。

➢ 【弧长】：沿定义曲线将等参数曲线将要通过的点以相等的弧长间隔隔开。使用每条曲线的整个长度。

➢ 【根据点】：将不同外形的截面线串间的点对齐。

➢ 【距离】：在指定方向上将点沿每条曲线以相等的距离隔开。

➢ 【角度】：在指定轴线周围将点沿每条曲线以相等的角度隔开。

➢ 【脊线】：将点放置在选定曲线与垂直于输入曲线的平面的相交处。得到的体的宽度取决于这条脊线曲线的限制。

➢ 【根据分段】：使用输入曲线的点和相切值生成曲面。新的曲面需要通过定义输入曲线的点，但不是曲线本身。

（4）【补片类型】：让用户生成一个包含单个面片或多个面片的体。面片是片体的一部分。使用越多的面片来生成片体则用户可以对片体的曲率进行越多的局部控制。当生成片体时，最好是将用于定义片体的面片的数目降到最小。限制面片的数目可改善后续程序的性能并产生一个更光滑的片体。

（5）【V 向封闭】：对于多个片体来说，封闭沿行（V 方向）的体状态取决于选定截面线串的封闭状态。如果所选的线串全部封闭，则产生的体将在 V 方向上封闭。勾选此复选框，片体沿列（V 方向）封闭。

（6）【公差】：输入几何体和得到的片体之间的最大距离。默认值为距离公差建模设置。

【例 8-2】通过曲线创建曲面。

（1）新建一 prt 文件 Through_Surf.prt，利用 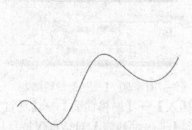（艺术样条），保持默认设置，在 X-Y 平面创建如图 8-23 所示出曲线

（2）执行【编辑】→【移动对象】命令，弹出的【移动对象】对话框，选取样条曲线单击确定，将【运动】设置为【距离】，【指定矢量】设置为 XC 轴，【距离】设置为 50，【非关联副本数】设置为 2，如图 8-24 所示。单击确定，结果如图 8-25 所示。

图 8-23　完成后示意图　　　　　　　图 8-24　【移动对象】对话框

（3）执行【编辑】→【变换】命令，弹出如图 8-26 所示的【变化】对话框。选择中间线条为变换对象，单击确定按钮，弹出如图 8-27 所示的【变换】对话框。

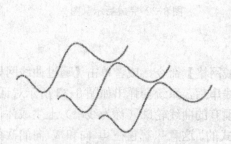

图 8-25　移动线条　　　　　　　图 8-26　【变换】对话框 1

（4）在弹出的如图 8-27 所示对话框中单击【比例】按钮，弹出【点】对话框，如图 8-28 所示。绘图区选取如图 8-29 所示的曲线端点，单击确定，弹出【变换】对话框，如图 8-30 所示。设置【比例】文本框为 0.5，单击【确定】按钮，再单击【移动】按钮，曲线发生变化，再单击【取消】按钮，完成操作，如图 8-31 所示。

图 8-27 【变换】对话框 2   图 8-28 【点】平移参数对话框

曲线端点

图 8-29 拾取曲线端点   图 8-30 【变换】对话框 3

（5）单击【通过曲线组】图标，或者执行【插入】→【网格曲面】→【通过曲线组】命令，依次选取三样条曲线，必须使其方向一致，【通过曲线组】对话框保持默认设置，单击【确定】，完成操作，如图 8-32 所示。

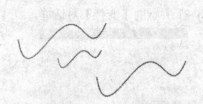

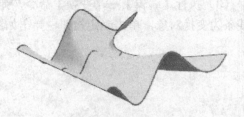

图 8-31 完成后示意图   图 8-32 完成后示意图

8.1.5 通过曲线网格

执行【插入】→【网格曲面】→【通过曲线网格】命令，或者单击【通过曲线网格】图标，则会激活该功能，在依次选取完截面线串后，系统会弹出如图 8-33 所示对话框。

该选项让用户从沿着两个不同方向的一组现有的曲线轮廓（称为线串）上生成体，如图 8-34 所示。生成的曲线网格体是双三次多项式的。这意味着它在 U 向和 V 向的次数都是三次的（阶次为 3）。该选项只在主线串对和交叉线串对不相交时才有意义。如果线串不相交，生成的体会通过主线串或交叉线串，或两者均分。

对话框相关选项功能如下：

（1）【第一主线串】：让用户约束该实体使得它和一个或多个选定的面或片体在第一主线串处相切或曲率连续。

（2）【最后主线串】：让用户约束该实体使得它和一个或多个选定的面或片体在最后一条主线串处相切或曲率连续。

（3）【第一交叉线串】：让用户约束该实体使得它和一个或多个选定的面或片体在第一交叉线串处相切或曲率连续。

（4）【最后交叉线串】：让用户约束该实体使得它和一个或多个选定的面或片体在最后一条交叉线串处相切或曲率连续。

（5）【着重】

➢【两个皆是】：主线串和交叉线串（即横向线串）有同样效果。

➢【主线串】：主线串更有影响。

➢【交叉线串】：交叉线串更有影响。

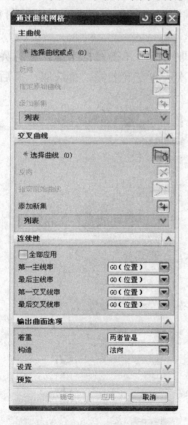

图 8-33　【通过曲线网格】对话框

图 8-34　【通过曲线网格】构造曲面示意图

（6）【构造】

➢【法向】：使用标准过程建立曲线网格曲面。

➢【样条点】：让用户通过为输入曲线使用点和这些点处的斜率值来生成体。对于此选项，选择的曲线必须是有相同数目定义点的单根 B 曲线。

这些曲线通过它们的定义点临时地重新参数化（保留所有用户定义的斜率值）。然后这些临时的曲线用于生成体。这有助于用更少的补片生成更简单的体。

➢ 【简单】：建立尽可能简单的曲线网格曲面。

（7）【重新构建】：该选项可以通过重新定义主曲线或交叉曲线的阶次和节点数来帮助用户构建光滑曲面。仅当"构造"选项为"法向"时，该选项可用。

➢ 【无】：不需要重构主曲线或交叉曲线。

➢ 【阶次和公差】：该选项通过手动选取主曲线或交叉曲线来替换原来曲线，并为生成的曲面其指定 U/V 向阶次。节点数会依据 G0、G1、G2 的公差值按需求插入。

➢ 【自动拟合】：该选项通过指定最小阶次和分段数来重构曲面，系统会自动尝试是利用最小阶次来重构曲面，如果还达不到要求，则会再利用分段数来重构曲面。

（8）【G0/G1/G2】：该数值用来限制生成的曲面与初始曲线间的公差。G0 默认值为位置公差；G1 默认值为相切公差；G2 默认值为曲率公差。

【例 8-3】通过曲线网格成曲面。

打开光盘配套零件：源文件\8\Sample_02.prt，如图 8-35 所示。

（1）执行【插入】→【网格曲面】→【通过曲线网格】命令，系统弹出如图 8-36 所示的对话框。

（2）依次选取如图 8-37 所示的主曲线，每选取一条后单击鼠标中键，注意界面左下角提示栏中的提示，完成主曲线串的选取，然后依次选取交叉曲线，每选取一条后单击鼠标中键，完成交叉曲线的选取。

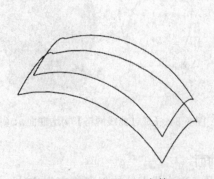

图 8-35 Sample_02.prt 文件   图 8-36 【通过曲线网格】对话框

（3）保留默认设置，单击【确定】按钮，完成一网格曲面的创建。同理，完成另一网格曲面的创建，完成后如图 8-38 所示。

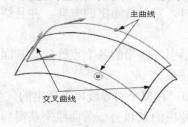
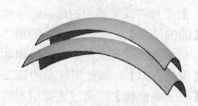

图 8-37　曲线选择次序示意图　　　　　图 8-38　完成曲面构建示意图

8.1.6 扫掠

执行【插入】→【扫掠】→【扫掠】命令，或者单击【扫掠】图标，则会激活该功能，弹出如图 8-39 所示对话框。

该选项可以用来构造扫掠体，如图 8-40 所示。用预先描述的方式沿一条空间路径移动的曲线轮廓线将扫掠体定义为扫掠外形轮廓。移动曲线轮廓线称为截面线串。该路径称为引导线串，因为它引导运动。

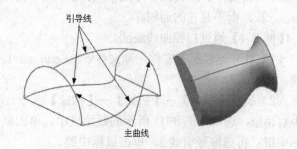

图 8-39　【扫掠】对话框　　　　　图 8-40　【扫掠】示意图

引导线串在扫掠方向上控制着扫掠体的方向和比例。引导线串可以由单个或多个分段组成。每个分段可以是曲线、实体边或实体面。每条引导线串的所有对象必须光顺而且连续。必须提供一条，两条或三条引导线串。截面线串不必光顺，而且每条截面线串内的对象的数量可以不同。可以输入从 1 到最大数量为 150 的任何数量的截面线串。

如果所有选定的引导线串形成封闭循环，则第一条截面线串可以作为最后一条截面线串重新选定。

上述对话框部分选项功能如下：

（1）【定位方法】

➢【固定】：在截面线串沿着引导线串移动时，它保持固定的方向，并且结果是简单的平行的或平移的扫掠。

➢【面的法向】：局部坐标系的第二个轴和沿引导线串的各个点处的某基面的法向矢量一致。这样来约束截面线串和基面的联系。

➢【矢量方向】：局部坐标系的第二个轴和用户在整个引导线串上指定的矢量一致。

➢【另一条曲线】：通过连接引导线串上的相应的点和另一条曲线来获得局部坐标系的第二个轴（就好像在它们之间建立了一个直纹的片体）。

➢【一个点】：和【另一条曲线】相似，不同之处在于获得第二个轴的方法是通过引导线串和点之间的三面直纹片体的等价物。

➢【强制方向】：在沿着引导线串扫掠截面线串时，让用户把截面的方向固定在一个矢量。

当只指定一条引导线串时，还可以施加比例控制。这就允许当沿着引导线串扫掠截面线串时，截面线串可以增大或减小。

（2）【缩放方法】

➢【恒定】：让用户输入一个比例因子，它沿着整个引导线串保持不变。

➢【倒圆功能】：在指定的起始比例因子和终止比例因子之间允许线性的或三次的比例，那些起始比例因子和终止比例因子对应于引导线串的起点和终点。

➢【另一条曲线】：类似于方向控制中的【另一条曲线】，但是此处在任意给定点的比例是以引导线串和其他的曲线或实边之间的划线长度为基础的。

➢【一个点】：和【另一条曲线】相同，但是，是使用点而不是曲线。选择此种形式的比例控制的同时还可以使用同一个点作方向控制（在构造三面扫掠时）。

➢【面积规律】：让用户使用规律子功能控制扫掠体的交叉截面面积。

➢【周长规律】：类似于【面积规律】，不同的是，用户控制扫掠体的交叉截面的周长，而不是它的面积。

【例8-4】通过扫掠曲线成面。

（1）打开光盘配套零件：源文件\ 8\Scan_surf.prt 文件。创建如图 8-41 所示 3 条曲线。

（2）执行【插入】→【扫掠】→【扫掠】命令，或者单击【扫掠】图标，弹出【扫掠】对话框，选取如图 8-41 所示的截面线串，单击鼠标中键；依次选取导引线串 1，单击鼠标中键；再选取导引线 2，单击鼠标中键。

（3）在对话框中设置【截面位置】为【引导线末端】，其余保持默认设置，单击【确定】按钮，完成扫掠面创建，如图 8-42 所示。

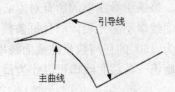

图 8-41 创建 3 条曲线

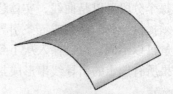

图 8-42 【扫掠】实体示意图

8.1.7　截面

执行【插入】→【网格曲面】→【截面】命令，或者单击【剖切截面】图标 ，则会激活该功能，系统会弹出如图 8-43 所示对话框。

该选项通过使用二次构造技巧定义的截面来构造体。截面自由形式特征作为位于预先描述平面内的截面曲线的无限族，开始和终止并且通过某些选定控制曲线。另外，系统从控制曲线直接获取二次端点切矢，并且使用连续的二维二次外形参数沿体改变截面的整个外形。

对话框部分选项功能如下：

（1）【端线-顶线-肩线】：可以使用这个选项生成起始于第一条选定曲线、通过一条称为肩曲线的内部曲线并且终止于第 3 条选定曲线的截面自由形式特征。每个端点的斜率由选定顶线定义，如图 8-44 所示。

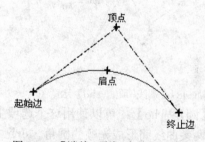

图 8-43　【剖切曲面】对话框　　　　　图 8-44　【端线-顶线-肩线】示意图

（2）【端线-斜率-肩线】：该选项可以生成起始于第一条选定曲线、通过一条内部曲线（称为肩曲线）并且终止于第 3 条曲线的截面自由形式特征。切矢在起始点和终止点由两个不相关的切矢控制曲线定义，如图 8-45 所示。

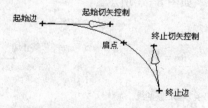

图 8-45　【端线-斜率-肩线】示意图

（3）【圆角-肩线】：可以使用这个选项生成截面自由形式特征，该特征在分别位于两个体上的两条曲线间形成光顺的圆角。体起始于第一条选定曲线，与第一个选定体相切，终止于第二条曲线，与第二个体相切，并且通过肩曲线，如图 8-46 所示。

（4）【三点-圆弧】：该选项可以通过选择起始边曲线、内部曲线、终止边曲线和脊线曲线来生成截面自由形式特征。片体的截面是圆弧，如图 8-47 所示。

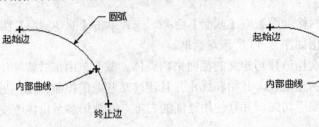

图 8-46 【圆角-肩线】示意图   图 8-47 【三点-圆弧】示意图

（5）【端线-顶线-rho】：可以使用这个选项来生成起始于第一条选定曲线并且终止于第二条曲线的截面自由形式特征。每个端点的切矢由选定的顶线定义。每个二次截面的完整性由相应的 rho 值控制，如图 8-48 所示。

（6）【端线-斜率-rho】：该选项可以生成起始于第一条选定边曲线并且终止于第二条边曲线的截面自由形式特征。切矢在起始点和终止点由两个不相关的切矢控制曲线定义。每个二次截面的完整性由相应的 rho 值控制，如图 8-49 所示。

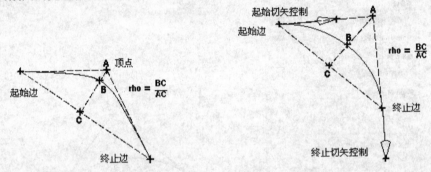

图 8-48 【端线-顶线-rho】示意图   图 8-49 【端线-斜率-rho】示意图

（7）【圆角-rho】：可以使用这个选项生成截面自由形式特征，该特征在分别位于两个体上的两条曲线间形成光顺的圆角。每个二次截面的完整性由相应的 rho 值控制，如图 8-50 所示。

（8）【二点-半径】：该选项生成带有指定半径圆弧截面的体。对于脊线方向，从第一条选定曲线到第二条选定曲线以逆时针方向生成体。半径必须至少是每个截面的起始边与终止边之间距离的一半，如图 8-51 所示。

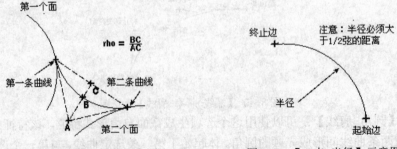

图 8-50 【圆角-rho】示意图   图 8-51 【二点-半径】示意图

（9）【端线-顶线-高亮显示】：该选项可以生成带有起始于第一条选定曲线并终止于第二条曲线而且与指定直线相切的二次截面的体。每个端点的切矢由选定顶线定义，如

图 8-52 所示。

（10）【端线-斜率-高亮显示】：该选项可以生成带有起始于第一条选定边曲线并终止于第二条边曲线而且与指定直线相切的二次截面的体。切矢在起始点和终止点由两个不相关的切矢控制曲线定义，如图 8-53 所示。

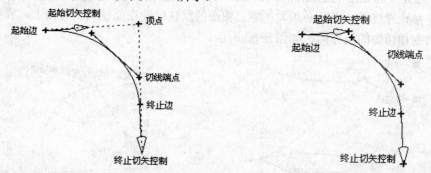

图 8-52 【端线-顶线-高亮显示】示意图　　　图 8-53 【端线-斜率-高亮显示】示意图

（11）【圆角-高亮显示】：可以使用这个选项生成带有在分别位于两个体上的两条曲线之间构成光顺圆角并与指定直线相切的二次截面的体，如图 8-54 所示。

（12）【端线-斜率-圆弧】：该选项可以生成起始于第一条选定边曲线并且终止于第二条边曲线的截面自由形式特征。切矢在起始处由选定的控制曲线决定。片体的截面是圆弧，如图 8-55 所示。

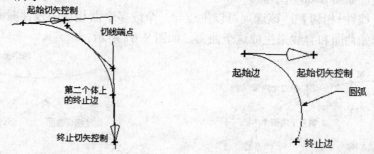

图 8-54 【圆角-高亮显示】示意图　　　　图 8-55 【端线-斜率-圆弧】示意图

（13）【四点-斜率】：该选项可以生成起始于第一条选定曲线、通过两条内部曲线并且终止于第四条曲线的截面自由形式特征。也选择定义起始切矢的切矢控制曲线，如图 8-56 所示。

（14）【端线-斜率-三次】：该选项生成带有截面的 S 形的体，该截面在两条选定边曲线之间构成光顺的三次圆角。切矢在起始点和终止点由两个不相关的切矢控制曲线定义，如图 8-57 所示。

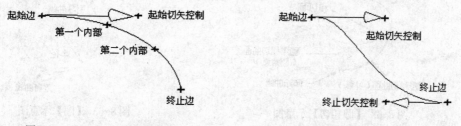

图 8-56 【四点-斜率】示意图　　　　　图 8-57 【端线-斜率-三次】示意图

（15）【圆角-桥接】：该选项生成一个体，该体带有在位于两组面上的两条曲线之间构成桥接的截面，如图8-58所示。

（16）【点-半径-角度-圆弧】：该选项可以通过在选定边、相切面、体的曲率半径和体的张角上定义起始点来生成带有圆弧截面的体。角度可以从-170°～0°，或从0°～170°变化，但是禁止通过零。半径必须大于零。曲面的默认位置在面法向的方向上，或者可以将曲面反向到相切面的反方向，如图8-59所示。

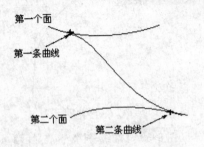
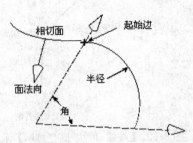

　　图8-58　【圆角-桥接】示意图　　　　　图8-59　【点-半径-角度-圆弧】示意图

（17）【五点】：该选项可以使用5条已有曲线作为控制曲线来生成截面自由形式特征。体起始于第一条选定曲线，通过3条选定的内部控制曲线，并且终止于第5条选定的曲线。而且提示选择脊线曲线。5条控制曲线必须完全不同，但是脊线曲线可以为先前选定的控制曲线，如图8-60所示。

（18）【线性-相切】：该选项可以生成与一个或多个面相切的线性截面曲面。选择其相切面、起始曲面和脊线来生成这个曲面，如图8-61所示。

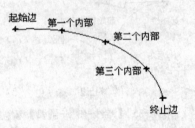
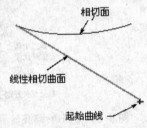

　　　图8-60　【五点】示意图　　　　　　　图8-61　【线性-相切】示意图

（19）【圆相切】：该选项可以生成与面相切的圆弧截面曲面。通过选择其相切面、起始曲线和脊线并定义曲面的半径来生成这个曲面，如图8-62所示。

（20）【圆】：可以使用这个选项生成整圆截面曲面。选择引导线串、可选方向线串和脊线来生成圆截面曲面；然后定义曲面的半径，如图8-63所示。

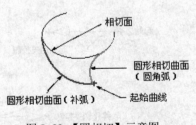
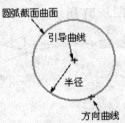

　　　图8-62　【圆相切】示意图　　　　　　　图8-63　【圆】示意图

8.1.8 延伸曲面

执行【插入】→【弯边曲面】→【延伸】命令，或单击【延伸曲面】图标，则会激活该功能，系统会弹出如图 8-64 所示对话框。

该选项让用户从现有的基片体上生成切向延伸片体、曲面法向延伸片体、角度控制的延伸片体或圆弧控制的延伸片体。

图 8-64 【延伸曲面】对话框

对话框部分选项功能如下

（1）【边】：选择要延伸的边后，选择延伸方法并输入延伸的长度或百分比延伸曲面。

（2）【方法】：参数设置包括【相切】和【圆形】两种：

➢ 【相切】：让用户生成相切于面、边或拐角的体。切向延伸通常是相邻于现有基面的边或拐角而生成，这是一种扩展基面的方法。这两个体在相应的点处拥有公共的切面，因而，它们之间的过渡是平滑的，如图 8-65 所示。

可以为延伸的长度指定一个【固定长度】或【百分比】值。如果选择把长度指定为百分比，则可以选择【边界延伸】或【拐角延伸】。

➢ 【圆形】：让用户从光顺曲面的边上生成一个圆弧的延伸。该延伸遵循沿着选定边的曲率半径。可以为圆弧延伸的长度指定【固定长度】或【百分比】值。

要生成圆弧的边界延伸，选定的基曲线必须是面的未裁剪的边。延伸的曲面边的长度不能大于任何由原始曲面边的曲率确定半径的区域的整圆的长度，如图 8-66 所示。

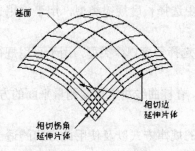

图 8-65 【相切】示意图

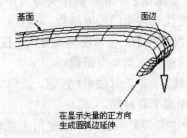

图 8-66 【圆形】示意图

➢ 【拐角】：选择要延伸的曲面，在%U 和%V 长度输入拐角长度。

8.1.9 规律延伸

执行【插入】→【弯边曲面】→【规律延伸】命令，或者单击【规律延伸】图标 ，
则会激活该功能，系统会弹出如图 8-67 所示对话框，其示意图如图 8-68 所示。部分选项
功能如下：

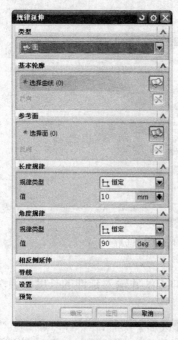

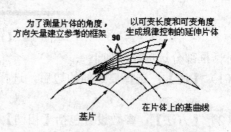

图 8-67 【规律延伸】对话框　　　　　　图 8-68 【规律延伸】示意图

（1）【类型】

➢ 【面】：选取表面参考方法，系统将以线串的中间点为原点，坐标平面垂直于曲
线中点的切线，0°轴与基础表面相切的方式，确定位于线串中间点上的角度坐标
参考坐标系。

➢ 【矢量】：选取矢量参考方法，系统会要求指定一个矢量。系统以 0°轴平行于矢
量方向的方式，定位线串中间点的角度参考坐标系。

（2）【基本轮廓】：选取用于延伸的线串（曲线、边、草图、表面的边）。

（3）【参考面】：选取线串所在的表面。只有在参考方法为"面"时才有效。

（4）【长度规律】：在"规律类型"下拉列表中选择长度规律类型，用于采用规律
子功能的方式定义延伸面的长度函数。

（5）【角度规律】：在"规律类型"下拉列表中选择角度规律类型，用于采用规律
子功能的方式定义延伸面的角度函数。

（6）【脊线】：单击脊线串 按钮，选取脊柱线。脊柱曲线决定角度测量平面的方位。
角度测量平面垂直于脊柱线。

（7）【规律类型】：让用户指定用于延伸长度的规律方式以及使用此方式的适当的
值。

（8）【恒定】：使用恒定的规则（规律），当系统计算延伸曲面时，它沿着基本曲

线线串移动，截面曲线的长度保持恒定的值。

（9）【线性】：使用线性的规则（规律），当系统计算延伸曲面时，它沿着基本曲线线串移动，截面曲线的长度从基本曲线线串起始值到基本曲线线串终点的终止值呈线性变化。

（10）【三次】使用三次的规则（规律），当系统计算延伸曲面时，它沿着基本曲线线串移动，截面曲线的长度从基本曲线线串起始点的起始值到基本曲线线串终点的终止值呈非线性变化。

8.1.10　扩大

执行【编辑】→【曲面】→【扩大】命令，或者单击【扩大】图标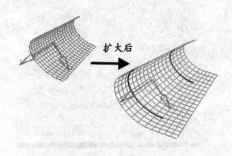，则会激活该功能，系统会弹出如图 8-69 所示对话框。

该选项让用户改变未修剪片体的大小，方法是生成一个新的特征，该特征和原始的、覆盖的未修剪面相关，如图 8-70 所示。用户可以根据给定的百分率改变 ENLARGE（扩大）特征的每个未修剪边。

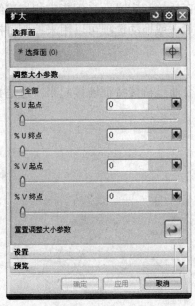

图 8-69　【扩大】对话框

图 8-70　【扩大】示意图

当使用片体生成模型时，将片体生成得过大是一个良好的习惯，以消除后续实体建模的问题。如果用户没有把这些原始片体建造得足够大，则用户不使用【等参数修剪/分割】功能时就不能增加它们的大小。然而，【等参数修剪】是不相关的，并且在使用时会打断片体的参数化。扩大让用户生成一个新片体，它既和原始的未修剪面相关，又允许用户改变各个未修剪边的尺寸。

对话框部分选项功能如下：

（1）【全部】：让用户把所有的【U/V 最小/最大】滑尺作为一个组来控制。当此开关为开时，移动任一单个的滑尺，所有的滑尺会同时移动并保持它们之间已有的百分率。若关闭"所有的"开关，使得用户可以对滑尺和各个未修剪的边进行单独控制。

（2）【U 起点/U 终点/V 起点 /V 终点】：使用 U Start、U End、V Start 和 V End 滑尺或它们各自的数据输入字段来改变扩大片体的未修剪边的大小。在数据输入字段中输入的值或拖动滑尺达到的值是原始尺寸的百分比。可以在数据输入字段中输入数值或表达式。

（3）【重置调整大小参数】：把所有的滑尺重设回他们的起使位置。

（4）【模式】

➢ 【线性】：在一个方向上线性地延伸扩大片体的边。使用【线性】可以增大扩大特征的大小，但不能减小它。

➢ 【自然】：沿着边的自然曲线延伸扩大片体的边。如果用【自然】来设置扩大特征的大小，则既可以增大也可以减小它的大小。

8.1.11 桥接

执行【插入】→【细节特征】→【桥接】命令，或者单击【桥接】图标，则会激活该功能，系统会弹出如图 8-71 所示对话框。

该选项让用户生成一个连接两个面的片体。可以在桥接和定义面之间指定相切连续性或曲率连续性。可选的侧面或线串（至多两个,任意组合）或拖动选项可以用来控制桥接片体的形状。

对话框部分选项功能如下：

（1）【选择边 1】：让用户选择两个主面，它们会通过桥接特征连接起来。这是必需的步骤，如图 8-72 所示。

图 8-71 【桥接曲面】对话框

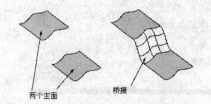

图 8-72 主面【桥接】示意图

（2）【选择边 2】：让用户选择一个或两个侧面（该步骤可选），如图 8-72 所示。

（3）【约束】：

➢ 【连续性】：让用户指定在选择的面和桥接面之间是【相切】（斜率连续）或【曲率】（曲率连续）。

➢ 【相切副值】：如果没有选择面或线串来控制桥接自由形式特征的侧面，则可以使用该选项来动态地编辑它的形状。

➢ 【流向】：设置桥接曲线的曲线走向参数设置。

➢ 【边限制】：设置边 1 和边 2 的链接位置。

8.1.12 偏置曲面

执行【插入】→【偏置/缩放】→【偏置曲面】命令，或者单击工具栏图标 （偏置曲面），则会激活该功能，系统会弹出如图 8-73 所示对话框。

图 8-73 【偏置曲面】对话框

该选项可以从一个或更多已有的面生成偏置曲面。

系统用沿选定面的法向偏置点的方法来生成正确的偏置曲面。指定的距离称为偏置距离，并且已有面称为基面。可以选择任何类型的面作为基面。如果选择多个面进行偏置，则产生多个偏置体。

【例 8-5】通过已知曲面偏置生成曲面。

打开光盘配套零件：源文件\ 8\pianzhi_Surf.prt 文件，如图 8-74 所示。

（1）执行【插入】→【偏置/缩放】→【偏置曲面】命令，或者单击【偏置曲面】图标 ，进入偏置曲面对话框。

（2）选择要偏置的曲面，在偏置 1 文本框中输入 25mm，如图 8-75 所示。选择要偏置的曲面，方向如图 8-76 所示。单击【确定】按钮即可完成偏置操作，如图 8-77 所示。

图 8-75 【偏置曲面】对话框

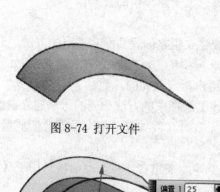

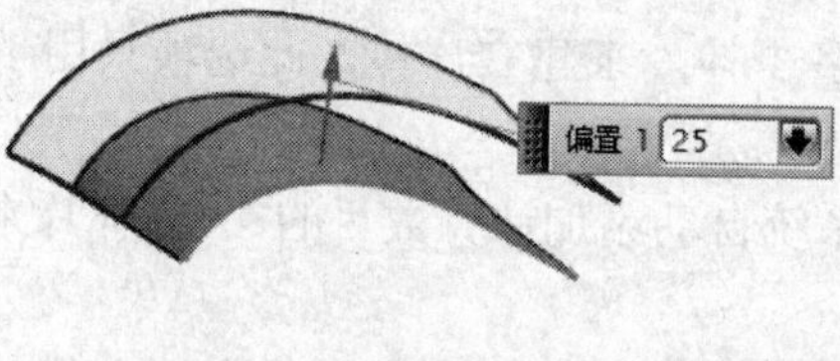

图 8-74 打开文件

图 8-76 选择【偏置曲面】和方向

图 8-77 【偏置曲面】完成示意图

8.1.13 大致偏置

执行【插入】→【偏置/缩放】→【大致偏置】命令或单击【大致偏置】图标 $\bigwedge$ ，则会激活该功能，系统会弹出如图 8-78 所示对话框。

该选项让用户使用大的偏置距离从一组列面或片体生成一个没有自相交、尖锐边界或拐角的偏置片体。该选项让用户从一系列面或片体上生成一个大的粗略偏置，用于当【偏置面】和【偏置曲面】功能不能实现时。

对话框部分选项功能如下：

（1）【选择步骤】

> $\bigwedge$【偏置面/体】：选择要偏置的面或片体。如果选择多个面，则不会使它们相互重叠。相邻面之间的缝隙应该在指定的建模距离公差范围内。但是，此功能不检查重叠或缝隙，如果碰到了，则会忽略缝隙，如果存在重叠，则会偏置顶面。

> $\bigwedge$【偏置 CSYS】：让用户为偏置选择或建立一个坐标系，其中 Z 方向指明偏置方向，X 方向指明步进或截取方向，Y 方向指明步距方向。默认的坐标系为当前的工作坐标系。

图 8-78 【大致偏置】对话框

（2）【偏置距离】：让用户指定偏置的距离。此字段值和【偏置偏差】中指定的值一同起作用。如果希望偏置背离指定的偏置方向，则可以为偏置距离输入一个负值。

（3）【偏置偏差】：让用户指定偏置的偏差。用户输入的值表示允许的偏置距离范围。该值和【偏置距离】值一同起作用。例如，如果偏置距离是 10 且偏差是 1，则允许的偏置距离在 9 和 11 之间。通常偏差值应该远大于建模距离公差。

（4）【步距】：让用户指定步进距离。

（5）【曲面生成方法】：让用户指定系统建立粗略偏置曲面时使用的方法。

>【云点】：系统使用和【由点云构面】选项中的方法相同的方法建立曲面。选择此方法则启用【曲面控制】选项，它让用户指定曲面的片数。

>【通过曲线组】：系统使用和【通过曲线】选项中的方法相同的方法建立曲面。

>【粗加工拟合】：当其他方法生成曲面无效时（例如有自相交面或者低质量），系统利用该选项创建一低精度曲面。

（6）【曲面控制】：让用户决定使用多少补片来建立片体。此选项只用于【云点】曲面生成方法。

>【系统定义的】：在建立新的片体时系统自动添加计算数目的 U 向补片来给出最佳结果。

>【用户定义】：启用【U 向补片数】字段，该字段让用户指定在建立片体时，允许

使用多少 U 向补片。该值必须至少为 1。

（7）【修剪边界】

➢【不修剪】：片体以近似矩形图案生成，并且不修剪。

➢【修剪】：片体根据偏置中使用的曲面边界修剪。

➢【边界曲线】：片体不被修剪，但是片体上会生成一条曲线，它对应于在使用【修剪】选项时发生修剪的边界。

8.1.14　拼合

执行"插入"→"组合"→"拼合" 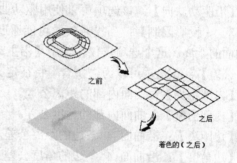，则会激活该功能，系统会弹出如图 8-79 所示对话框。

该选项可以将几个曲面合并为一个曲面。系统生成单个 B 曲面，它逼近在几个已有面上的四面区域，如图 8-80 所示。

图 8-79　【拼合】对话框　　　　　　　图 8-80　【拼合】示意图

系统从驱动曲面沿矢量或沿驱动曲面法向矢量将点投影到目标曲面（被逼近的面）上。然后用这些投影点构造逼近 B 曲面。可以把投影想象为从每个原始点到目标曲面的光束放射过程。

对话框部分选项功能如下：

（1）【驱动类型】

➢【曲线网格】：在内部，驱动始终是 B 曲面。然而，不是仅仅限于 B 曲面。如果使用【曲线网格】，在合并选定的目标曲面之前，系统在内部构造 B 曲面驱动。当使用曲线定义驱动曲面时，它们必须满足所有构造曲线网格 B 曲面所需的条件。可以在选择一组交叉曲线后选择一组主曲线。主曲线和交叉曲线的数量必须为两个或更多（但小于 50）。最外面的主曲线和交叉曲线作为合并曲面的边界。因此，每条主曲线必须与每条交叉曲线相交一次且仅为一次。它们也必须在目标曲面的边界之内，如图 8-81 所示。

➢　始终使用在投影目标曲面边界内的驱动曲面或驱动曲线是必要的。如果未能这样做将会导致下列错误信息：

未能将点投影到面

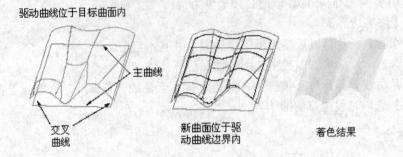

图 8-81 【曲线网格】驱动示意图

> 【B 曲面】：可以选择已有的 B 曲面作为驱动。
> 【自整修】：可以逼近单个未修剪 B 曲面。

（2）【投影类型】：该选项可以指明是否要让驱动曲面到目标曲面的投影方向为单个矢量或者为驱动曲面法向方向的矢量。

> 【沿固定矢量】：可以使用矢量构造器来定义投影矢量。
> 【沿驱动法向】：该选项可以使用驱动曲面法向的投影矢量。

（3）【投影限制】：当投影矢量可能通过目标曲面多于一次时，用来限制点投影到目标曲面的距离。这个选项仅仅在使用【沿主动轮法向】投影类型时激活。

【公差】：该选项可以为"拼合"特征定义内部与边界距离和角度公差。

> 【内部距离】：曲面内部的距离公差。
> 【内部角度】：曲面内部的角度公差。
> 【边距离】：沿曲面 4 条边的距离公差。
> 【边角度】：沿曲面 4 条边的角度公差。

（4）【显示检查点】：勾选此复选框，在显示合并曲面的逼近的过程中计算点。使用【显示检查点】会轻微地降低过程的速度，但是这可能是值得的。显示点可以可视化并识别曲面上潜在的问题区域。然后就可以更快地排除和修复问题区域。

> 【检查重叠】：勾选此复选框，则系统检查并试着处理重叠曲面。系统试着将每个光束与所有附近的曲面相交，并找出最高的投影点。如果【检查重叠的】选项为"关闭"，则系统假设每个光束只能投射到一个目标曲面上，所以它一找到投射就停止并继续处理下一个光束。

8.1.15 修剪曲面

执行【插入】→【修剪】→【修剪片体】命令，或者单击【修剪的片体】图标 ，则会激活该功能，系统会弹出如图 8-82 所示对话框，该选项用于生成相关的修剪片体，选项功能如下：

【目标】：选择目标曲面体。

【边界对象】：选择修剪的工具对象，该对象可以是面、边、曲线和基准平面。

【允许目标边作为工具对像】：帮助将目标片体的边作为修剪对象过滤掉。当【投影沿着】项设置到"面法向"时，这个选项可用。

【投影方向】：可以定义要作标记的曲面/边的投影方向。可以在【垂直于面】、【基准轴】、【X/Y/Z】和【矢量构成】间选择。

【选择区域】：可以定义在修剪曲面时选定的区域是保留还是舍弃。在选定目标曲面体、投影方式和修剪对象后，可以选择目前选择的区域是否【保持】或【舍弃】。

每个选择用来定义保留或舍弃区域的点在空间中固定。如果移动目标曲面体，则点不移动。为防止意外的结果，如果移动为"修剪边界"选择步骤选定的曲面或对象，则应该重新定义区域。

如图 8-83 所示，可以选择【保持】片体的 6 个部分（左视图）或【舍弃】一个部分。

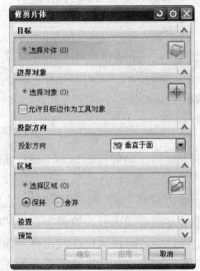

图 8-82　【修剪片体】对话框

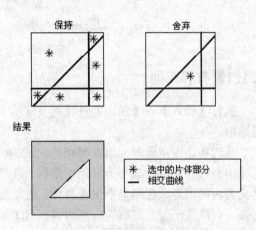

图 8-83　【修剪片体】操作示意图

8.1.16　曲线成面

执行【插入】→【曲面】→【曲线成片体】命令或单击【曲线成片体】图标，创建示意图如图 8-84 所示，则会激活该功能，弹出如图 8-85 所示对话框，该选项让用户通过选择的曲线生成体，各选项功能如下：

【按图层循环】：每次在一个层上处理所有可选的曲线。要加速处理，可以打开此选项。这样，系统会通过每次处理一个层上的所有可选的曲线来生成体。所有用来定义体的曲线必须在一个层上。需要注意的是：使用该选项可以显著地改善处理性能，还可以显著地减少虚拟内存的使用。

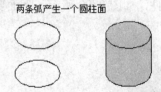

图 8-84　【曲线成片体】示意图

图 8-85　【从曲线获得面】对话框

【警告】：在生成体以后，如果存在警告的话，会导致系统停止处理并显示警告信息。会警告用户有曲线的非封闭平面环和非平面的边界。关闭该选项，则不会警告用户，也不会停止处理。

　　另外，两个共轴的二次曲线不一定要位于平行的平面上。如果在非平行平面上的椭圆和圆弧都是同一圆柱体的一段，则它们可以匹配并形成一个体。当沿着它们的公共轴观看时，它们看上去是相似的，如图 8-86 所示。

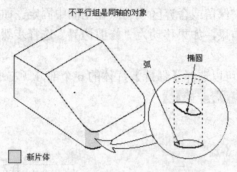

图 8-86　非平行的同轴对象情况

8.1.17　有界平面

　　执行【插入】→【曲面】→【有界平面】命令，则会激活该功能弹出如图 8-87 所示对话框。

　　该选项让用户通过利用首尾相接曲线的线串作为片体边界来生成一个平面片体。选择的线串必须共面并形成一个封闭的形状。生成有界平面时可以有或无孔。有界平面中的孔定义为内部边界，在那里不生成片体。在选定了外部边界以后，可以通过继续选择对象并选择（一次选一个）完整的内部边界（孔）来定义孔。系统计算这些边界从哪里开始，到哪里结束，如图 8-88 所示。

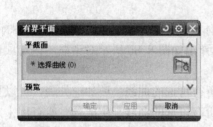

图 8-87　【有界平面】对话框

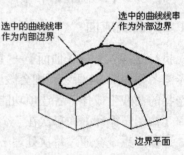

图 8-88　【有界平面】示意图

【例 8-6】创建有界平面

　　打开光盘配套零件：源文件\ 8\xiangji.prt 零件，如图 8-89 所示。下面要完成照相机视窗的设计：

图 8-89　打开文件

（1）执行【插入】→【曲面】→【有界平面】命令或单击【有界平面】图标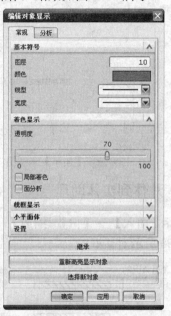，依次选取视窗实体的 8 条边，如图 8-90 所示。单击【确定】按钮完成平面片体的创建。

（2）按下 Ctrl+J 组合键，在弹出的对话框中，调整片体的颜色为 133 蓝色，透明度为 70%，如图 8-91 所示，单击【确定】按钮，完成操作，结果如图 8-92 所示。

图 8-90 选取实体边缘　　　　　　　　图 8-91 【编辑对象显示】对话框

图 8-92 照相机视窗

8.1.18 片体加厚

执行【插入】→【偏置/缩放】→【加厚】命令或单击工具栏图标，创建示意图如图 8-93 所示，则会激活该功能弹出如图 8-94 所示对话框。

该选项可以偏置或加厚片体来生成实体，在片体的面的法向应用偏置，如图 8-93 所示），各选项功能如下：

【选择面】：该选项用于选择要加厚的片体。一旦选择了片体，就会出现法向于片体的箭头矢量来指明法向方向。

【偏置 1/偏置 2】：指定一个或两个偏置，如图 8-95 所示偏置对实体的影响。

【Check-Mate】：如果出现加厚片体错误，则此按钮可用。点击此按钮会识别导致加厚片体操作失败的可能的面。

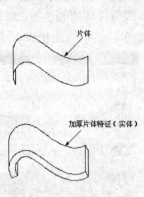

图 8-93 【加厚】示意图　　　　　　　　图 8-94 【加厚】对话框

8.1.19 片体到实体助理

执行【插入】→【偏置/缩放】→【片体到实体助理】命令，则会激活该功能，弹出如图 8-96 所示对话框。

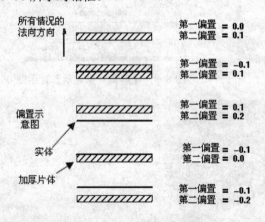

图 8-95 【偏置】示意图　　　　　　图 8-96 【片体到实体助理】对话框

该选项可以从几组未缝合的片体生成实体，方法是将缝合一组片体的过程自动化（【缝合】），然后加厚结果（【加厚】）。如果指定的片体造成这个过程失败，那么将自动完成对它们的分析，以找出问题的根源。有时此过程将得出简单推导出的补救措施，但是有时必须重建曲面。

对话框各选项功能如下：

（1）【选择步骤】

➤ ▥ 【目标片体】：选择需要被操作的目标片体。

➤ ▥ 【工具片体】：选择一个或多个要缝合到目标中的工具片体。该选项是可选的。如果用户未选择任何工具片体，那么就不会执行缝合操作，而只执行加厚操作。

（2）【第一偏置/第二偏置】：该操作与【片体加厚】中的选项相同。

（3）【缝合公差】：为了使缝合操作成功，设置被缝合到一起的边之间的最大距离。

（4）【分析结果显示】：该选项最初是关闭的。当尝试生成一个实体，但是却产生故障，这时该选项将变得敏感，其中每一个分析结果项只有在显示相应的数据时才可用。打开其中的可用选项，在图形窗口中将高亮显示相应的拓扑。

➢【显示坏的几何体】：如果系统在目标片体或任何工具片体上发现无效的几何体，则该选项将处于可用状态。打开此选项将高亮显示坏的几何体。

➢【显示片体边界】：如果得到"无法执行加厚操作" 信息，且该选项处于可用状态，打开此选项，可以查看当前在图形窗口中定义的边界。造成加厚操作失败的原因之一是输入的几何体不满足指定的精度，从而造成片体的边界不符合系统的需要。

➢【显示失败的片体】：阻止曲面偏置的常见问题是它面向偏置方向具有一个小面积的意外封闭曲率区域。系统将尝试一次加厚一个片体，并将高亮显示任何偏置失败的片体。另外，如果可以加厚缝合的片体，但是结果却是一个无效实体，那么将高亮显示引起无效几何体的片体。

➢【显示坏的退化】：用退化构建的曲面经常会发生偏置失败（在任何方向上）。这是曲率问题造成的，即聚集在一起的参数行太接近曲面的极点。该选项可以检测这些点的位置并高亮显示它们。

用户可以重构曲面，或者可以使用【补救选项】中的"光顺退化"选项尝试更正问题。

（5）【补救选项】

➢【重新修剪边界】：由于 CAD/CAM 系统之间的拓扑表示存在差异，因此通常采用以 Parasolid 不便于查找模型的形式修剪数据来转换数据。用户可以使用这种补救方法来更正其中的一些问题，而不用更改底层几何体的位置。

➢【光顺退化】：在通过【显示坏的退化】选项找到的退化上执行这种补救操作，并使它们变得光顺。

➢【整修曲面】：这种补救将减少用于代表曲面的数据量，而不会影响位置上的数据，从而生成更小、更快及更可靠的模型。

➢【允许拉伸边界】：这种补救尝试从拉伸的实体复制工作方法，并使用【抽壳】而不是【片体加厚】作为生成薄壁实体的方法。从而避免了一些由缝合片体的边界造成的问题。只有当能够确定合适的拉伸方向时，才能使用此选项。

8.2　曲面编辑

通过对曲面创建的学习，在创建一个曲面特征之后，还需要对其进行相关的编辑工作，以下主要讲述部分常用的曲面的编辑操作，这些功能是曲面造型的后期修整的常用技术。

8.2.1 移动定义点

执行【编辑】→【曲面】→【移动定义点】命令，或者单击【移动定义点】图标则会激活该功能，系统弹出如图 8-97 所示对话框提示用户选取需要编辑的曲面。

选项功能说明如下：

（1）【名称】：可以在该文本框中输入曲面的名称来选择曲面。

（2）【编辑原先体】：系统将对原有的曲面进行编辑。

（3）【编辑副本】：系统将编辑后的曲面作为一个新的曲面生成。

选择曲面后，系统会显示警告信息（如图 8-98 所示），指出该操作将从片体中删除参数。需要确定或取消操作。

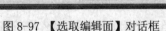

图 8-97 【选取编辑面】对话框　　　　　　　　图 8-98 警告信息

选择要移动点的类型时，系统显示选定曲面所在的视图中符合条件的点。并弹出如图 8-99 所示对话框，部分选项功能如下：

（1）【要移动的点】

➤ 【单个点】：指定要移动的单个点。该项为默认选项。

➤ 【整行（V 恒定）】：移动同一行（V 恒定）内的所有点。选择要移动的行内的一个点即可移动该行。

➤ 【整列（U 恒定）】：移动同一列内（U 恒定）内的所有点。选择要移动的列内的一点即可移动该列。

➤ 【矩形阵列】：移动包含在矩形区域内的点。选择要移动的矩形的两个对角点即可移动该区域。

（2）【重新显示曲面点】：重新显示符合选择条件的点。

（3）【文件中的点】：读入文件中的点以替换原先的点。

在选择完需要被移动的点后，系统会弹出如图 8-100 所示对话框，以确定点的移动方式和距离。选项功能说明如下：

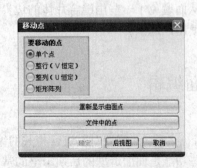

图 8-99 【移动点】对话框　　　　　　　图 8-100 【移动定义点】对话框

（1）【增量】：指定增量偏置，通过增量偏置来移动点。

（2）【沿法向的距离】：将点沿其所在处的面的法向方向移动一指定的距离。对于极点而言，该选项变灰。

（3）：如果选择增量，则这些字段是激活的，以便指定要在 XC、YC 和 ZC 方向上移动点的数量。

（4）【距离】：如果选择沿法向的距离，则该字段激活，以便指定沿面的法向要移动点的距离。可以输入正或负的距离值。

（5）【移至移点】：指定一点以将选中的点移动至该点，可使用点构造器。该选项只在选择单个点时可用。

（6）【定义拖动矢量】：定义用于拖动选项的矢量。对于点而言，该选项变灰。

（7）【拖动】：将极点拖动至新位置。对于点而言，该选项变灰。

（8）【重新选择点】：返回【移动点】对话框，重新选择移动点。

8.2.2　移动极点

该选项可以移动片体的极点。这在曲面外观形状的交互设计中，如消费品或汽车车身，非常有用。当要修改曲面形状以改善其外观或使其符合一些标准时，如与其他几何元素的最小距离或偏差，就要移动极点。

可以沿法向矢量拖动极点至曲面或与其相切的平面上。拖动行或列，保留在边处的曲率或切向。可以使用"偏差检查"和"截面分析"选项来提供相对于其他参考几何体的曲面编辑的可视反馈。

执行【编辑】→【曲面】→【移动极点】命令，则会激活该功能，系统弹出如图 8-101 所示对话框，提示用户选取需要编辑的曲面。

选项功能说明如下：

（1）【名称】：可以在该文本框中输入曲面的名称来选择曲面。

（2）【编辑原先的片体】：系统将对原有的曲面进行编辑。

（3）【编辑副本】：系统将编辑后的曲面作为一个新的曲面生成。

选择曲面后，系统会显示警告信息（如图 8-102 所示），指出该操作将从片体中删除参数。需要确定或取消操作。

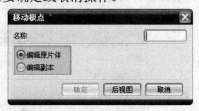

图 8-101　【选取编辑面】对话框　　　　　　　　图 8-102　警告信息

选择要移动的点的类型时，系统显示选定曲面所在的视图中符合条件的点。并弹出如图 8-103 所示对话框。对话框大部分功能与【移动定义点】相同，另外，还包含了【偏差检查】和【截面分析】（该两项功能稍后作一介绍）。

在选择完需要被移动的点后，系统会弹出如图 8-104 所示对话框，以确定点的移动方式和距离。

对话框大部分功能与【移动定义点】相同，部分介绍如下：

（1）【在切平面上】：在与被投影的极点处的曲面相切的平面上拖动极点。仅对【单个极点】选项可用。

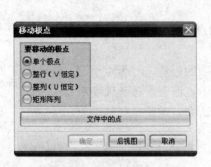

图 8-103 【移动极点】对话框　　　　　　图 8-104 【移动极点】方式对话框

（2）【沿相切方向拖动】：拖动一行或一列极点，保留相应边处的切向。【沿切线拖动】选项打开时，其他所有的拖动选项都不可用。

（3）【保持曲率】：拖动一行或一列极点，保留相应边处的曲率。该选项的可用性根据与表面拓扑相关的选中的行或列的位置而变化。选择要移动的极点行或列必须是从前导边或尾随边开始数的第二或三行或列。否则，"保持曲率"不可用。如果曲面少于 6 行或列，【保持曲率】不可用。【保持曲率】选项打开时，其他所有的拖动选项不可用。

（4）【微定位】：指定使用微调选项时动作的灵敏度或精细度。灵敏度的级别有 0.1、0.01、0.001 和 0.0001。小数位置序号越大，拖动极点时所能达到的动作精细度越高。拖动时按住 Ctrl 键+左键，即可进行微调。

【例 8-7】移动曲面极点。

打开光盘配套零件源文件\8\Scan_surf-finish.prt，如图 8-105 所示，另存为 Move_pole.prt 文件。

（1）执行【编辑】→【曲面】→【移动极点】命令，或者单击【移动极点】图标 ，系统弹出如图 8-106 对话框。

图 8-105 Scan_surf-finish.prt 示意图　　　　图 8-106 【移动极点】对话框

（2）选择【编辑原片体】，对原曲面进行编辑，选取曲面，弹出的【移动极点】对话框。

（3）在弹出的【移动极点】对话框中进行设置，在【要移动的极点】中选取"整行（V 恒定）"，如图 8-107 所示。然后在绘图区中选取指定行的一点，进入下一对话框，选取【沿法向】按钮，如图 8-108 所示。即可在绘图区中通过左键（即 MB1）来拖动需要变化的极点，如图 8-109 所示。还可以在多种拖动方式之间切换和编辑极点，最后单击【确定】按钮完成编辑。结果如图 8-110 所示。

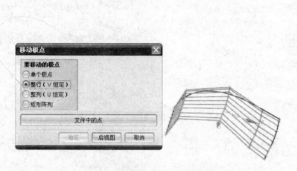

图 8-107　设置移动极点参数　　　　　　　图 8-108　设置曲面方向

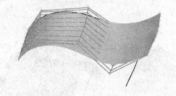

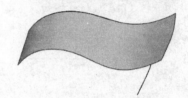

图 8-109　拖动示意图　　　　　　　　　图 8-110　完成示意图

8.2.3　调整阶次

执行【编辑】→【曲面】→【阶次】命令，或者单击【更改阶次】图标 x^{z^3}，则会激活该功能，系统会弹出对话框如图 8-111 所示。

图 8-111　【更改阶次】对话框

该选项可以改变体的阶次。但只能增加带有底层多面片曲面的体的阶次。也只能增加所生成的"封闭"体的阶次。

增加体的阶次不会改变它的形状，却能增加其自由度。可增加对编辑体可用的极点数。

降低体的阶次会降低试图保持体的全形和特征的阶次。降低阶次的公式（算法）是这样设计的，如果增加阶次随后又降低，那么所生成的体将与开始时的一样。这样做的结果是，降低阶次有时会导致体的形状发生剧烈改变。如果对这种改变不满意，可以放弃并恢复到以前的体。何时发生这种改变是可以预知的，因此完全可以避免。

通常，除非原先体的控制多边形与更低阶次体的控制多边形类似，因为低阶次体的拐点（曲率的反向）少，否则都要发生剧烈改变。

8.2.4　曲面变形

执行【编辑】→【曲面】→【变形】命令，或者单击【使曲面变形】图标 ，则会激活该功能，当用户选取需要编辑的曲面后，系统会弹出如图 8-112 所示对话框。该选项能够快速而容易地动态修改 B 曲面，如图 8-113 所示。对话框部分选项功能如下：

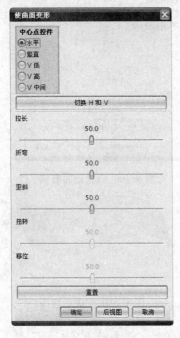
图 8-112 【使曲面变形】对话框

图 8-113 【使曲面变形】示意图

（1）【中心点控件】：该选项组用于设置进行变形所依据的参考位置和方向。

➢ 【水平】：曲面在水平方向变形。

➢ 【竖直】：曲面在竖直方向变形。

➢ 【V 高】：变形从曲面上较低的区域开始。

➢ 【V 低】：变形从曲面上较高的区域开始。

➢ 【V 中间】：变形从曲面的中间区域开始。

（2）【切换 H 和 V】：重置滑尺的设置，在水平模式和竖直模式之间切换中心点控制。

（3）【拉长】：该滑尺能够拉伸曲面使其变形。滑尺的范围从 0～100，50（默认值）在其中间表示未变形的位置。

（4）【折弯】：该滑尺能够折弯曲面使其变形。滑尺的范围从 0～100，50（默认值）在其中间表示未变形的位置。

（5）【歪斜】：该滑尺能够扭曲曲面使其变形。扭曲变形曲面，会使其网格线既不与前导边平行也不与它成直角。在出现显著的"扭曲"效果之前，可能需要首先对曲面应用一种其他类型的变形（例如，"折弯"、"扭转"或"移动"）。【歪斜】滑尺的范围从 0～100，50（默认值）在其中间表示未变形的位置。

（6）【扭转】：该滑尺能够扭转曲面使其变形。滑尺的范围从 0～100，50（默认值）在其中间表示未变形的位置。

（7）【移位】：该滑尺能够移动曲面使其变形。滑尺的范围从 0～100，50（默认值）在其中间表示未变形的位置。

（8）【重置】：取消所有变形滑尺的设置，重置曲面使其返回到其原先的状态。

8.2.5 曲面变换

执行【编辑】→【曲面】→【变换】命令，则会激活该功能，当用户选取需要编辑的曲面以及变换中心后，系统会弹出如图 8-114 所示对话框。

该选项能够动态地比例缩放、旋转和平移单个 b 表面，并实时地从显示中得到反馈，如图 8-115 所示。比例、旋转和平移变换及其组合，组成了所谓的仿射映射，通常用于 CAD 或其他计算机图形环境中。

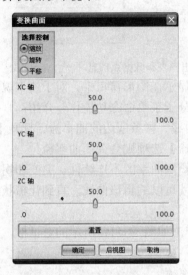

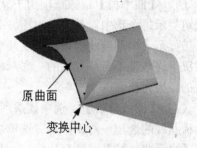

原曲面

变换中心

图 8-114【变换曲面】对话框   图 8-115 【变换曲面】示意图

对话框部分选项功能如下：

（1）【选择控制】：该选项组用于选择变换的控制类型。

➢ 【缩放】：绕选中的轴缩放曲面的比例或尺寸。

➢ 【旋转】：绕选中的轴旋转曲面。

➢ 【平移】：沿选中的轴平移或移动曲面。

（2）【XC 轴】：沿 x 轴方向缩放、旋转或平移曲面。

（3）【YC 轴】：沿 y 轴方向缩放、旋转或平移曲面。

（4）【ZC 轴】：沿 z 轴方向缩放、旋转或平移曲面。

（5）【重置】：将曲面重设为原先的值。

8.3 曲面分析

8.3.1 曲线特性分析

执行【分析】→【曲线】命令可以调出子菜单，UG 对于曲线可以提供多种分析功能包括【曲率梳】、【峰值】、【拐点】【图表】和【输出列表】。

对于指定曲线的分析结果可用图像或是 Excel 表格输出想要的数据，如图 8-116 所示使用了曲率梳命令然后利用图表向 Excel 输出。

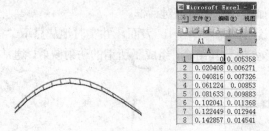
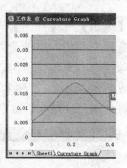

图 8-116 利用 Excel 输出图表和数据点信息

　　除非特意关闭，否则曲线的分析元素会一直显示在图形窗口中。对于边来说，分析元素是临时的，在显示刷新时就会消失。下面就部分子菜单命令功能作一介绍：

　　（1）【曲率梳】：该选项用于显示已选中曲线、样条或边的曲率梳。打开【曲率梳】选项可显示每个选中对象的曲率梳。关闭【曲率梳】选项则会关闭曲率梳。

　　当显示选中曲线或样条的梳状线后，更容易检测曲率的不连续性、突变和拐点，在多数情况下这些是不希望存在的。显示梳状线后，就可以编辑该曲线，直到让梳状线显示出满意的结果为止。

　　（2）【曲线分析】：选中该选项后系统会弹出如图 8-117 所示的对话框，用于指定显示梳状线的选项。对话框部分选项功能如下：

　　【显示曲率梳】：该复选框控制是否显示曲率梳。

　　【建议比例因子】：该复选框可将比例因子自动设置为最合适的大小。

　　【最大长度】：该复选框允许指定梳状线元素的最大允许长度。如果为梳状线绘制的线比此处指定的临界值大，则将其修剪至最大允许长度。在线的末端绘制星号（*）表明这些线已被修剪。

　　【标签值】：该项包括【曲率】和【曲率半径】两项，选项可指定梳状线显示曲率数据（如图 8-118 所示）还是曲率半径数据（如图 8-119 所示）。从一种梳状线类型改变为另一种梳状线类型会自动更新显示部件中所有梳状线的引用。

图 8-117 【曲线分析】对话框

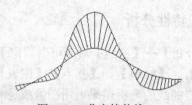

图 8-118 曲率梳状线

（3）【峰值】：该选项用于显示选中曲线、样条或边的峰值点，即局部曲率半径（或曲率的绝对值）达到局部最大值的地方。如图 8-120 所示。

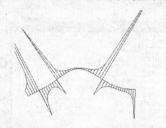

图 8-119　曲率半径梳状线　　　　　　　　图 8-120　【峰】值点示意图

（4）【拐点】：该选项用于显示选中曲线、样条或边上的拐点，即曲率矢量从曲线一侧翻转到另一侧的地方，清楚地表示出曲率符号发生改变的任何点。打开"拐点"选项可在每个选中对象的拐点处显示一个小符号（"x"）。关闭"拐点"选项则会关闭拐点符号，如图 8-121 所示。

（5）【图表】：该选项打开一个特殊的"图表"窗口（使用电子表格），可在编辑曲线的同时分析曲线。当编辑这些曲线中的任意一条时，"曲率图表"窗口会再次出现，并重新显示出该曲线的曲率，如图 8-122 所示。

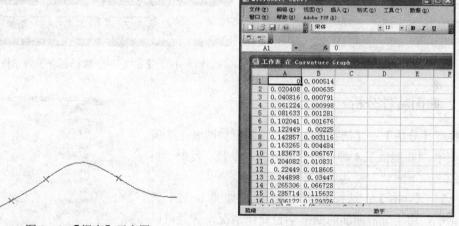

图 8-121【拐点】示意图　　　　　　　　图 8-122　【图表】示意图

（6）【图表选项】：选中该选项后系统会弹出如图 8-123 对话框，用于指定【图表】显示的选项。

以下对该对话框部分选项功能作一介绍：

【高度】：允许指定"图表"窗口的高度。使用滑尺设置所需的值。

【宽度】：允许指定"图表"窗口的宽度。使用滑尺设置所需的值。

【显示相关点】：可以显示存在于选中曲线和它们的曲率之间的共同相关点。在选中的曲线之间共同相关的点同时显示在"电子表格曲率图表"窗口和图形窗口中，如图 8-124 所示。

（7）【输出列表】：用于在"信息"窗口中为已启用了分析选项的所有选中对象显示分析数据。其中 "信息"窗口中的"参数"列中的数字表示点在曲线上，是用它们在曲线上的位置相对于曲线原点和长度的比例来表示的，如图 8-125 所示。

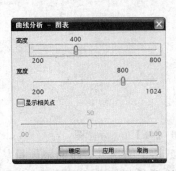

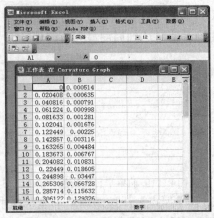

图 8-123 【曲线分析-图表】对话框　　　　　　图 8-124 【显示相关点】示意图

（8）【输出列表选项】：该选项会打开【曲线分析-输出列表】对话框，如图 8-126 所示。允许交互地为输出列表选择或取消选择曲线和样条。每次单击【应用】或【确定】时，【信息】窗口都会为当前选中的曲线和样条更新曲率数据。

图 8-125 输出列表【信息】窗口　　　　　　图 8-126 【曲线分析-输出列表】对话框

8.3.2 曲面特性分析

执行【分析】→【形状】命令可以调出如图 8-127 所示子菜单，UG 提供了 4 种平面分析方式：半径、反射、斜率和距离，下面就主要菜单命令作一介绍：

（1）【半径】：选择了该命令后弹出如图 8-128 所示对话框，用于分析曲面的曲率半径变化情况，并且可以用各种方法显示和生成。这些显示和生成方法可以在各选项的下拉列表中查询。

（2）【反射】：选择了该命令后将会弹出如图 8-129 所示对话框，用户可以利用该对话框分析曲面的连续性。这是在飞机、汽车设计中最常用的曲面分析命令，它可以很好地表现一些严格曲面的表面质量。

（3）【斜率】：当选择了该命令后会弹出【矢量】对话框，如图 8-130 所示。指定参考矢量后弹出如图 8-131 所示对话框，可以用来分析曲面的斜率变化。在模具设计中，正的斜率代表可以直接拔模的地方，因此这是模具设计最常用的分析功能。该对话框中的选项功能与前述对话

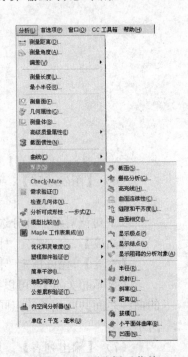

图 8-127 面分析子菜单

框选项用法差异不大。

图 8-128 【面分析-半径】对话框

图 8-129 【面分析-反射】对话框

图 8-130 【矢量】对话框

图 8-131 【面分析-斜率】对话框

　　（4）【距离】：选择了该命令后会弹出如图 8-132 所示的对话框，选定之后弹出【面分析-距离】对话框，如图 8-133 所示。用于分析当前曲面和其他曲面之间的距离。

　　【例 8-8】曲线和曲面分析。

　　打开光盘配套零件：源文件\8\Sample_02_finlish.prt，将其另存为 qumfenxi.prt。

　　（1）选取需要分析的曲线，如图 8-134 所示。执行【分析】→【曲线】→【曲率梳】命令，曲率梳显示如图 8-135 所示。

　　（2）在分析完成后，如果不再需要显示曲率梳，可以执行【分析】→【曲线】→【曲线分析】命令，取消勾选【显示曲率梳】复选框，如图 8-136 所示。

图 8-132　【平面】定义类型对话框

图 8-133　【面分析-距离】对话框

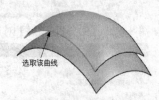

图 8-134　选取被分析曲线

图 8-135　显示曲率梳

（3）执行【分析】→【形状】】→【斜率】命令，弹出【矢量】对话框，选择 ZC 轴，如图 8-137 所示。单击【确定】按钮；系统会弹出如图 8-138 所示对话框。选取待分析曲面（上表面）后，单击【应用】按钮，即可在默认选项下观看斜率分部情况，如图 8-139 所示。

图 8-136　【曲线分析-梳】对话框

图 8-137　设置矢量

（4）也可以采用其他模式查看斜率的分部情况，在图 8-138 所示对话框中的【显示类型】中选择【刺猬梳】模式，单击【应用】按钮后，如图 8-140 所示。

图 8-138　【面分析—斜率】对话框　　　　　图 8-139　曲面斜率分部示意图

（5）还可以改变曲面法矢的方向来方便显示，单击【更改曲面法向】中的【使面法向反向】图标 ↩，选择需要反转法矢的曲面，单击【确定】按钮完成曲面选取，在【面分析-斜率】对话框中取消勾选【保持固定的数据范围】复选框。单击【应用】按钮后，如图 8-141 所示。

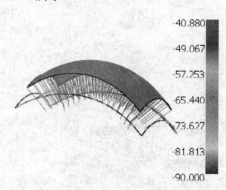

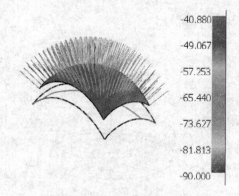

图 8-140　【刺猬梳】模式显示示意图　　　　图 8-141　反转法矢后的示意图

8.4　综合实例——头盔

下面以一个简单例子来介绍曲面创建及编辑，使读者对曲面的创建和编辑有更加感性的认识。

打开光盘附带文件…\ 8\ TouKui.prt 零件，如图 8-142 所示。

其完成后的最终示意图如图 8-143 所示。

图 8-142 TouKui.prt 示意图

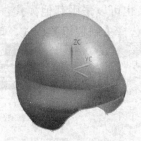

图 8-143 最终示意图

8.4.1 头盔上部制作

（1）打断图 8-144 所示的曲线。单击【图层设置】图标 或是执行【格式】→【图层设置】，进入如图 8-145 所示的对话框中，取消 10 层的勾选，将第 10 层设置为不可见。单击【关闭】按钮退出该对话框。视图显示如图 8-146 所示。

图 8-145 【图层设置】对话框

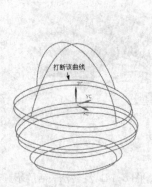

图 8-144 需要被打断的曲线

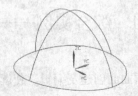

图 8-146 完成步骤（1）后示意图

（2）执行【编辑】→【曲线】→【分割】命令，或单击【分割曲线】图标 ，系统会弹出如图 8-147 所示对话框，【类型】选择【按边界对象】，选择图 8-148 所示的对象。

（3）选取如图 8-148 所示的边界对像 1，指定相交点 1。单击【确定】按钮，曲线在交点处断开。

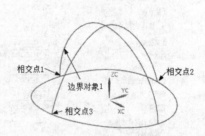

图 8-147　"分割曲线"对话框　　　　　　　图 8-148 选取边界对象

（4）同理，将断开的曲线再分别在相交点 2 和相交点 3 断开。

（5）执行【插入】→【扫掠】→【扫掠】命令，或者单击【扫掠】图标，弹出【扫掠】对话框，选取如图 8-149 所示的截面曲线和引导线，单击【确定】按钮，完成扫掠操作，如图 8-150 所示。同理完成另外半部分头盔的扫掠操作，如图 8-151 所示。

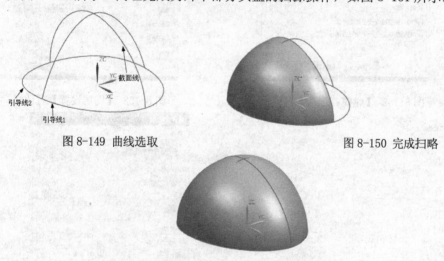

图 8-149　曲线选取　　　　　　　　　　　　图 8-150　完成扫略

图 8-151　　完成头盔上部的绘制

8.4.2　头盔下部制作

（1）设置"建模首选项"中的参数：执行【首选项】→【建模】命令，系统弹出如图 8-152 所示对话框，设置其【体类型】为【片体】选项，单击【确定】按钮完成。

（2）单击【图层设置】图标 或是执行【格式】→【图层设置】，进入如图 8-153 示的对话框中，选中第 10 层，单击鼠标右键，在弹出的快捷菜单中选择【工作】选项，将第 10 层设置为工作层，将第 1 层前面的勾选取消，将第 1 层设置为不可见。单击【关闭】按钮退出该对话框，视图显示如图 8-154 所示。

（3）执行【插入】→【网格曲面】→【通过曲线组】命令，或者单击【通过曲线组】

图标 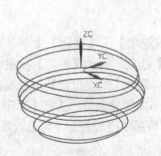，弹出如图 8-155 所示的对话框，依次选取图 8-156 所示中的 7 条曲线，每次选取一对象之后，都需要单击鼠标中键以完成本次对象的选取，需要注意的是：每个线串的起始方向一定要一致，如果有方向不一致的话必须重新选择，完成选取后如图 8-156 所示。

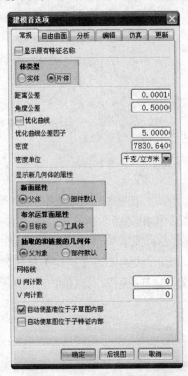

图 8-152 【建模首选项】对话框

图 8-153 【图层设置】对话框

图 8-154 完成步骤（2）后示意图

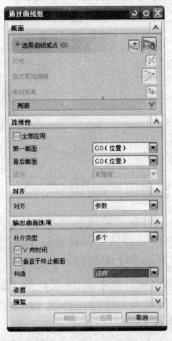

图 8-155 【通过曲线组】设置对话框

（4）保持图 8-154 中的默认设置，单击【确定】按钮，完成头盔下部制作，如图 8-157 所示。

图 8-156　选取对象完成后示意图　　　　　　图 8-157　完成的头盔下部示意图

8.4.3　两侧辅助面生成

（1）单击【图层设置】图标 或执行【格式】→【图层设置】，进入如图 8-154 所示的对话框中，选中第 5 层，单击鼠标右键，在弹出的快捷菜单中选择工作选项，将第 5 层设置为工作层，将第 10 层前面的勾选取消，将第 10 层设置为不可见，单击【关闭】按钮退出该对话框。视图显示如图 8-158 所示。

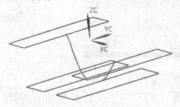

图 8-158　显示辅助面图层

（2）执行【插入】→【扫掠】→【沿引导线扫掠】命令，弹出如图 8-159 所示的对话框，选取如图 8-160 所示截面线，然后选择如图 8-160 所示引导线，保留默认设置，单击【应用】按钮，完成扫掠后如图 8-161 所示。

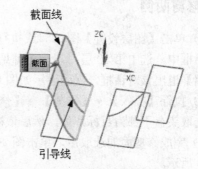

图 8-159　【沿引导线扫掠】对话框　　　　图 8-160　选取截面线串和导引线

（3）同理，仿照步骤（2），完成另一侧对象的扫掠操作，完成后如图 8-162 所示。

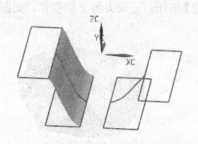 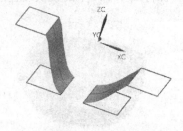

图 8-161 完成步骤（2）后示意图   图 8-162 完成步骤（3）后示意图

（4）执行【插入】→【曲面】→【有界平面】命令，系统会弹出如图 8-163 所示对话框，选取如图 8-164 所示的 4 条边，单击【确定】按钮，完成平面创建操作。

 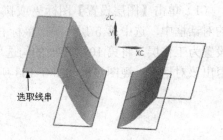

图 8-163 【有界平面】对话框   图 8-164 选取边界对象

（5）同理，仿照步骤（4），完成其余平面的创建，完成后如图 8-165 所示。

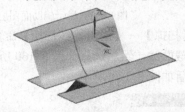

图 8-165 完成步骤（5）后示意图

8.4.4 修剪两侧

（1）单击【图层设置】图标❑或执行【格式】→【图层设置】，进入如图 8-154 所示的对话框中，选中第 10 层，勾选【可见】栏中的复选框，将第 10 层设置为可见的。单击【关闭】退出该对话框。视图显示如图 8-166 所示。

（2）执行【插入】→【修剪】→【修剪片体】命令，系统会弹出如图 8-167 所示对话框，选取头盔下部为目标片体，然后依次选择图 8-168 中的各个平面作为修剪对象。

（3）完成修剪面的选取后，单击图 8-167 中的【确定】按钮，完成修剪后的模型如图 8-169 所示。

（4）单击【图层设置】图标❑或执行【格式】→【图层设置】，进入如图 8-153 所示的对话框中，选中第 1 层设置位工作层；将第 10 层设置为可见的，将第 5 层设置为不可见的。单击【关闭】退出该对话框。视图显示如图 8-170 所示。

（5）按下 Ctrl+B 组合键，选择曲线类型，将所有显示出来的曲线消隐掉。然后执行【插入】→【组合体】→【缝合】命令，系统会弹出如图 8-171 所示对话框，选择片体类型，选取头盔上部位目标片体，选取头盔下部为工具片体，然后单击图 8-171 中【确定】按钮，完成片体的缝合。最终模型如图 8-172 所示。

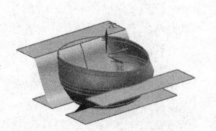

图 8-166 完成步骤（1）后示意图

图 8-167 【修剪的片体】对话框

图 8-168 获取修剪对象

图 8-169 完成步骤（3）后示意图

图 8-170 完成步骤（4）后示意图

图 8-171 【缝合】对话框

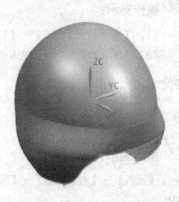

图 8-172 模型最终示意图

实践与操作

实验 1   打开光盘文件源文件\8\exercise\ book_08_01.prt，完成如图 8-173 所示
零件的绘制。

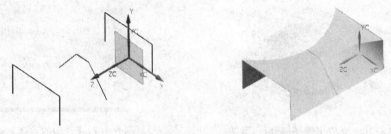

图 8-173 实验 1

操作提示：

（1）【插入】→【网格曲面】→【通过曲线组】命令即可。

（2）该命令的其他功能详见本章 8.1.4 节。

实验 2   打开光盘文件：源文件\8\exercise\book_08_02.prt，完成如图 8-174 所示
零件的绘制。

图 8-174 实验 2

操作提示：

（1）【插入】→【扫掠】→【扫掠】命令即可。

（2）该命令的其他功能详见本章 8.1.6 节。

实验 3   打开光盘文件…\ 8\exercise\book_08_03.prt，完成如图 8-175 所示零件
的绘制。

操作提示：

【插入】→【细节特征】→【面圆角】命令即可。

实验 4   打开光盘文件…\ 8\exercise\book_08_04.prt，完成如图 8-176 所示零件

的绘制。

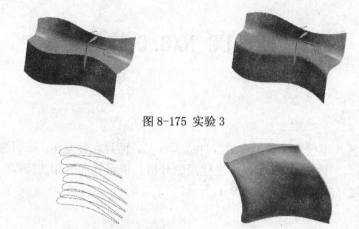

图 8-175　实验 3

图 8-176　实验 4

操作提示：

（1）【插入】→【网格曲面】→【通过曲线组】命令即可。

（2）注意其中每一截面线串的走向一定要一致。

思 考 与 练 习

1．使用"直纹面"命令创建曲面时，对曲线的数量、选取方式有何要求？

2．对于使用文件中的点创建曲面时，对点的格式有何要求？

3．对于"通过曲线组"创建曲面时，对曲线的开闭有何要求，光顺性有何要求？

4．对于曲面的偏置，UG NX8.0 中提供了哪几种命令实现，具体分别针对什么情况而言的？

第 9 章　UG NX8.0 装配建模

☞ 本章导读

　　UG 的装配模块不仅能快速组合零部件成为产品，而且在装配中，可以参考其他部件进行部件关联设计，并可以对装配模型进行间隙分析、重量管理等相关操作。在完成装配模型后，还可以建立爆炸视图，如图 9-1 所示。

图 9-1 装配示意图

👆 内容要点

　　♣　自底向上装配　　♣　自顶向下装配　　♣　装配爆炸图　　♣　装配信息查询

9.1　装配参数设置

　　执行【首选项】→【装配】命令系统会弹出如图 9-2 所示对话框。该对话框用于设置装配的相关参数。

　　以下介绍部分选项功能用法：

　　（1）【强调】：用于设置是否突出显示工作组件。当工作组件与显示件不同时，可以选中该复选框以突出显示工作组件。

　　（2）【保持】：用于设置是否保留工作组件。选中该复选框，在改变显示组件时，如果工作组件是显示组件的下级组件，则工作组件保持不变。

　　（3）【显示为整个部件】：用于设置部件名称的显示类型。其中包括文件名、描述、指定的属性 3 种方式。

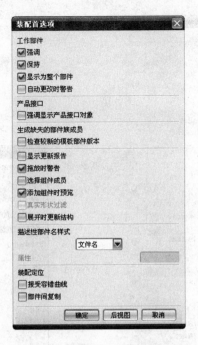

图 9-2 【装配首选项】对话框

9.2 自底向上装配

自底向上装配的设计方法是常用的装配方法，即先设计装配中的部件，再将部件添加到装配中，由底向上逐级进行装配。

执行【装配】→【组件】命令。

采用自底向上的装配方法，选择添加已存组件的方式有两种，一般来说，第一个部件采用绝对坐标定位方式添加，其余部件采用配对定位的方法添加。

9.2.1 添加已经存在的部件

执行【装配】→【组件】→【添加组件】命令或单击【添加组件】图标，弹出如图9-3 所示【添加组件】对话框。如果要进行装配的部件还没有打开，可以选择【打开】按钮，从磁盘目录选择；已经打开的部件名字会出现在【已加载部件】列表框中，可以从中直接选择。

（1）【引用集】：有 3 种类型：模型、整个部件、空的。执行【格式】→【引用集】命令，系统会弹出如图 9-4 所示对话框，部分选项功能如下：

【添加新的引用集】：可以创建新的引用集。输入使用于引用集的名称，并选取对象。

【移除】：已创建的引用集的项目中可以选择性地删除，删除引用集只不过是在目录中被删除而已。

图 9-3 【添加组件】对话框　　　　　　　图 9-4 【引用集】对话框

【设为当前的】：把对话框中选取的引用集设定为当前的引用集。

【属性】：编辑引用集的名称和属性。

【信息】：显示工作部件的全部引用集的名称和属性，个数等信息。

（2）【定位】

➤【绝对原点】：将部件定位于坐标原点。

➤【选择原点】：以选择原点的方式确定部件在装配中的位置。单击该选项，系统弹出【点】对话框，在指定了确定的位置以后，单击【确定】按钮完成绝对定位操作。

➤【通过约束】：按照几何对象之间的配对关系指定部件在装配图中的位置。单击该选项，系统弹出如图 9-5 所示对话框，要求用户指定部件之间的配对关系，设置完以后，单击【确定】按钮完成操作。

➤【移动】：该选项用于在部件添加到装配图以后，重新对其进行定位。系统弹出如图 9-6 所示对话框，要求用户指定部件之间的配对关系，设置完以后，单击【确定】按钮完成操作。

（3）【图层选项】：该选项用于指定部件放置的目标层。

➤【工作】：用于将指定部件放置到装配图的工作层中。

➤【原始的】：用于将部件放置到部件原来的层中。

➤【按指定的】：用于将部件放置到指定的层中。选择该选项，在其下端的指定【图层】文本框中输入需要的层号即可。

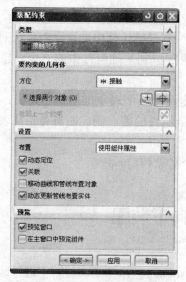

图 9-5 【装配约束】对话框　　　　　　图 9-6 【移动组件】对话框

9.2.2 组件的配对条件

配对关系是指组件的点、边、面等几何对象之间的配对关系，以此确定组件在装配中的相对位置。这种装配关系是由一个或者多个关联约束组成，通过关联约束来限制组件在装配中的自由度。对组件的约束效果有：

完全约束：组件的全部自由度都被约束，在图形窗口中看不到约束符号。

欠约束：组件还有自由度没被限制，称为欠约束，在装配中允许欠约束存在。

如图 9-3 所示【添加组件】对话框中，将定位方式设为【通过约束】，或者选择菜单栏【装配】→【组件位置】→【装配约束】选项，都会弹出如图 9-5 所示【装配约束】对话框。它由配对条件树、配对类型、选择步骤、过滤器及相关选项组成。

（1）【接触对齐】：接触类型定义两个同类对象相一致。对于平面对象，它们共线且法线方向相反；对于圆锥面，系统首先检查其角度是否相等，如果相等，则对齐其轴线；对于圆柱面，要求配对组件直径相等才能对齐其轴线。对于边缘和线，对齐类型对齐匹配对象。当对齐平面时，使两个面共面且法线方向相同；当对齐圆锥、圆柱和圆环面等对称实体时，使其轴线相一致；当对齐边缘和线时，使两者共线。

（2）【角度】：该配对类型是在两个对象之间定义角度，用于约束匹配组件到正确的方向上。角度约束可以在两个具有方向矢量的对象之间产生，角度是两个方向矢量的交角，逆时针为正。角度约束有平面角度和三维角度两种。平面角度约束需要一根转轴，两个对象的方向矢量与其垂直。

（3）【平行】：该配对类型约束两个对象的方向矢量彼此平行。

（4）【垂直】：该配对类型约束两个对象的方向矢量彼此垂直。

（5）【中心】：该配对类型约束两个对象的中心，使其中心对齐，当选择这个约束类型时，【子类型】被激活，有 3 种选项：

➢【1 至 2】：将相配组件中的一个对象定位到基础组件中的两个对象的中心上。

➢【2 至 1】：将相配组件中的两个对象定位到基础组件中的一个对象的中心上，并与其对称。

➤ 【2至2】：将相配组件中的两个对象定位到基础组件中的两个对象成对称布置。

（6）【同心】：将相配组件中的一个对象定位到基础组件中的一个对象的中心上，其中一个对象必须是圆柱体或轴对称实体。

（7）【距离】：该配对类型约束用于指定两个相配对象间的最小距离，距离可以是正值也可以是负值，正负号确定相配组件在基础组件的哪一侧。距离【距离表达式】选项的数值确定。

（8）【相切】：该配对类型约束定义两个对象相切。

9.3 自顶向下装配

自顶向下装配的方法是指在上下文设计（working in context）中进行装配。上下文设计是指在一个部件中定义几何对象时引用其他部件的几何对象。

例如，在一个组件中定义孔时需要引用其他组件中的几何对象进行定位。当工作部件是尚未设计完成的组件而显示部件是装配件时，上下文设计非常有用。

自顶向下装配的方法有两种：

方法一：

（1）先建立装配结构，此时没有任何的几何对象。

（2）使其中一个组件成为工作部件。

（3）在该组件中建立几何对象。

（4）依次使其余组件成为工作部件并建立几何对象，注意可以引用显示部件中的几何对象。

方法二：

（1）在装配件中建立几何对象。

（2）建立新的组件，并把图形加到新组件中。

在装配的上下文设计（Designing in Context of an Assembly）中，当工作部件是装配中的一个组件而显示部件是装配件时，定义工作部件中的几何对象时可以引用显示部件中的几何对象，即引用装配件中其他组件的几何对象。建立和编辑的几何对象发生在工作部件中，但是显示部件中的几何对象是可以选择的。

 提示

组件中的几何对象只是被装配件引用而不是复制，修改组件的几何模型后装配件会自动改变，这就是主模型的概念。

9.3.1 第一种设计方法

该方法首先建立装配结构即装配关系，但不建立任何几何模型，然后使其中的组件成为工作部件，并在其中建立几何模型，即在上下文中进行设计，边设计边装配。

其详细设计过程如下（最终完成的零件可参见光盘文件···\ 9\test_finish.prt）：

（1）建立一个新装配件，如：test.prt。

（2）执行【装配】→【组件】→【新建组件】命令或选择【新建组件】图标。

（3）系统弹出如图 9-7 所示【新组件文件】对话框，因为不添加图形，输入新组件的路径和名称直接单击【确定】按钮即可。

图 9-7 创建新的组件

（4）系统弹出如图 9-8 所示【新建组件】对话框，将【引用集】设置为【仅整个部件】，单击【确定】按钮，新组件即可被装到装配件中。

（5）重复上述 2 至 5 的步骤，用上述方法建立新组件 P2。

（6）打开装配导航器查看，如图 9-9 所示。

图 9-8 【新建组件】对话框

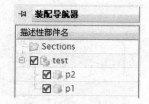

图 9-9 装配导航器

（7）以下要在新的组件中建立几何模型，先选择 P1 成为工作部件，建立如图 9-10

所示的实体。其中的 4 个孔是用"实例"特征及矩形阵列的方法建立的。

（8）使得 P2 为工作部件，建立如图 9-11 所示的实体。

（9）使装配件 test.prt 成为工作部件。

（10）执行【装配】→【组件位置】→【装配约束】命令或单击图标 ，给组件 P1 和 P2 建立配对约束，如图 9-12 所示。

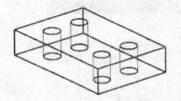

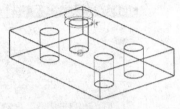

图 9-10 组件 P1　　　　图 9-11 组件 P2　　　　图 9-12 建立配对约束

（11）执行【装配】→【组件】→【创建组件阵列】命令或单击【创建组件阵列】图标 ，弹出【类选择】对话框，选择组件 P2，单击【确定】按钮，弹出如图 9-13 所示【创建组件阵列】对话框，选择【从实例特征】按钮，单击【确定】按钮，得到如图 9-14 所示装配体。

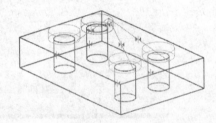

图 9-13 【创建组件阵列】对话框　　　　图 9-14 装配体

（12）将组件 P1 变成工作部件，编辑实例阵列参数，使得阵列的孔的个数改为 6 个。

（13）使得装配体 test.prt 为工作部件，如图 9-15 所示。如图 9-16 所示装配导航器中组件 P2 个数变为 6 个。

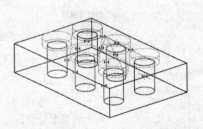
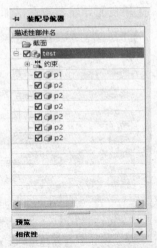

图 9-15 修改阵列孔个数后的装配体　　　　图 9-16 修改后的装配导航器

9.3.2 第二种设计方法

该方法首先在装配件中建立几何模型，然后建立组件即建立装配关系，并将几何模型添加到组件中。

其详细设计过程如下：

（1）打开一个包含几何体的装配件或者打开装配件中建立一个几何体。

（2）执行【装配】→【组件】→【新建组件】命令或选择图标，弹出【新建组件】对话框，在装配件中选择需要添加的几何模型，单击【确定】按钮，在选择部件对话框中，选择新组件的路径，并输入名字，单击【确定】按钮。

（3）弹出如图 9-17 所示对话框，单击【删除原先的】按钮，则几何模型添加到组件后删除装配件中的几何模型，单击【确定】按钮，新组件就装到装配件中了，并添加了几何模型。

图 9-17　【新建组件】对话框

（4）重复上面的（2）、（3）步骤，直至完成自顶向下装配设计为止。

9.4　装配爆炸图

爆炸图是在装配环境下把组成装配的组件拆分开来，更好地表达整个装配的组成状况，便于观察每个组件的一种方法。爆炸图是一个已经命名的视图，一个模型中可以有多个爆炸图。UG 默认的爆炸图名为 Explosion，后加数字后缀。用户也可根据需要指定爆炸图名称。选择【装配】→【爆炸图】，弹出如图 9-18 所示下拉菜单。执行【信息】→【装配】→【爆炸】命令可以查询爆炸信息。

9.4.1 爆炸图的建立

执行【装配】→【爆炸图】→【新建爆炸图】命令，或者在装配工具栏中单击【新建爆炸图】图标，弹出如图 9-19 所示对话框。在该对话框中输入爆炸视图的名称，或者接受默认名，单击【确定】按钮建立一个新的爆炸视图。

9.4.2 生成爆炸视图

图 9-18　【爆炸图】下拉菜单

（1）【自动爆炸组件】：执行【装配】→【爆炸图】→【自动爆炸组件】命令，或者单击图标，系统弹出【类选择】对话框，选择需要爆炸的组件，完成以后弹出如图 9-20所示对话框。

【距离】：该选项用于设置自动爆炸组件之间的距离。

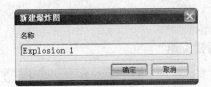 

图 9-19 【创建爆炸图】对话框　　　　　图 9-20 【爆炸距离】对话框

【添加间隙】：该选项用于设置增加爆炸组件之间的间隙。它控制着自动爆炸的方式。如果关闭该选项，则指定的距离为绝对距离；如果打开该选项，则指定的距离为组件相对于关联组件移动的相对距离。

（2）【编辑爆炸组件】：执行【装配】→【爆炸图】→【编辑爆炸图】命令，或者单击图标，系统弹出如图 9-21 所示对话框。选择需要编辑的组件，然后选择需要的编辑方式，再选择点选择类型，确定组件的定位方式。然后可以直接用鼠标选取屏幕中的位置，移动组件位置，也可以通过图 9-20 所示对话框来输入移动的距离。

9.4.3 编辑爆炸图

（1）【不爆炸组件】：执行【装配】→【爆炸图】→【取消爆炸组件】命令，或者单击图标，系统弹出类选择器对话框，选择需要复位的组件后，单击【确定】按钮，即可使已爆炸的组件回到原来的位置。

（2）【删除爆炸组件】：执行【装配】→【爆炸图】→【删除爆炸图】命令，或者单击图标，系统弹出如图 9-22 所示对话框，选择要删除的爆炸图的名称。单击【确定】按钮，即可完成删除操作。

（3）【隐藏爆炸图】：隐藏爆炸图是将当前爆炸图隐藏起来，使图形窗口中的组件恢复到爆炸前的状态。执行【装配】→【爆炸图】→【隐藏爆炸图】命令即可。

（4）【显示爆炸图】：显示爆炸图是将已建立的爆炸图显示在图形区中。执行【装配】→【爆炸图】→【显示爆炸图】命令即可。

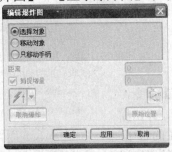 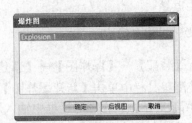

图 9-21 【编辑爆炸图】对话框　　　　　图 9-22 删除爆炸组件对话框

9.5　装配信息查询

装配信息可以通过相关菜单命令来查询。其命令功能主要在【信息】→【装配】子菜单中，如图 9-23 所示。

相关命令功能介绍如下：

（1）【列出组件】：执行该命令后，系统会在信息窗口列出工作部件中各组件的相关信息，如图 9-24 所示。其中包括工作部件名、部件文件名、引用集名、组件名、部件配对方法和组件被加载的次数等信息。

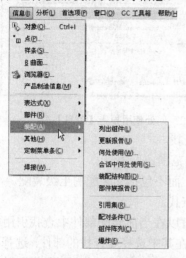

图 9-23 【装配】→【报告】子菜单　　　　图 9-24 列出组件【信息】窗口

（2）【更新报告】：执行该命令后，系统将会列出装配中各部件的更新信息，如图 9-25 所示。包括部件名、引用集名、载入的版本、参考的版本、部件组成员状态以及注视信息等。

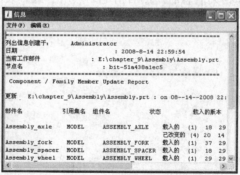

图 9-25 更新报告【信息】窗口

（3）【何处使用】：执行该命令后，系统将查找出所有的引用指定部件的装配件。系统会弹出如图 9-26 所示对话框。

当输入部件名称和指定相关选项后，系统会在信息窗口中列出引用该部件的所有装配部件，包括部件名称、报告日期、根目录、引用的装配部件名以及被引用的次数等信息，如图 9-27 所示。

对话框中主要选项功能：

1）【部件名】：该文本框中用于输入要查找的部件名称，默认值为当前工作部件名称。

2）【搜索选项】

➤【按搜索目录】：该选项用于在定义的搜寻目录中查找。

➤【搜索部件目录】：该选项用于在部件所在的目录中查找。

图 9-26 【何处使用报告】对话框　　　　　图 9-27 何处使用报告【信息】窗口

➤【输入目录】：该选项用于在指定的目录中查找。

3）【选项】：该选项用于定义查找装配的级别范围。

➤　【单一级别】：该选项只用来查找父装配，而不包括父装配的上级装配。

➤　【所有级别】：该选项用来在各级装配中查找。

（4）【会话中何处使用】：执行该命令后，可以在当前装配部件中查找引用指定部件的所有装配。系统会弹出如图 9-28 所示对话框，在其中选择要查找的部件，选择指定部件后，系统会在信息窗口中列出引用当前所选部件的装配部件。信息包括装配部件名、状态和引用数量等。

（5）【装配结构图】：执行该命令后，系统会弹出如图 9-29 所示对话框，在该对话框中设置完显示项目和相关信息后，然后指定一点用于放置装配结构图。

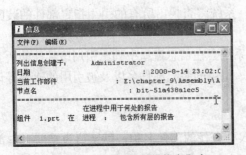 

图 9-28 会话中何处使用【信息】窗口　　　　　图 9-29 【装配图】对话框

对话框上部是已选项目列表框，可以进行添加、删除信息操作，用于设置装配结构建要显示的内容和排列顺序。

对话框中部是当前部件属性列表框和属性名文本框。用户可以在属性列表框中选择属性直接加到项目列表框中，也可以在文本框中输入名称来获取。

对话框下部是指定图形的目标位置，可以将生成的图表放置在当前部件或存在的部件或者是新部件中。

如果要将生成的装配结构图形删除，选取【移除已有的图表】复选框即可。

9.6　综合实例——挂轮架

9.6.1　组件装配

首先打开已有的"zhuzhougan"零件，进入建模环境。待装配组件如图 9-30～图 9-34 所示，所有组件可在附带光盘源文件\ 9\中调用：

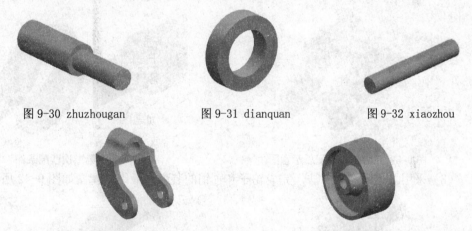

图 9-30 zhuzhougan　　　图 9-31 dianquan　　　图 9-32 xiaozhou

图 9-33 chabing　　　　　　　图 9-34 lunzi

（1）执行【装配】→【组件】→【添加组件】命令，弹出【添加组件】对话框，在定位的方式下选择【通过约束】方式，导入"dianquan"零件，单击【确定】按钮后，在弹出的【装配约束】对话框中选择选择【接触对齐】类型，【方位】设置为【接触】选择"dianquan"的端面和"xiaozhou"的端面进行接触约束，如图 9-35 所示。然后选择【方位】为【自动判断中心/轴】，选择轴的端点外表面和垫圈内孔，如图 9-36 所示。单击对话框中【确定】按钮，完成组件导入，结果如图 9-37 所示。

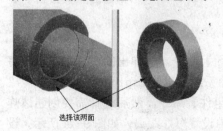

图 9-35 选择接触约束的面

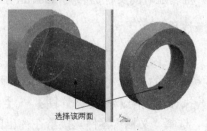

图 9-36 选择同轴约束的面

（2）执行【装配】→【组件】→【添加组件】命令，弹出【添加组件】对话框，在定位方式下选择【通过约束】方式，【图层选项】设置为【工作】，导入"chabing"零件，完成导入步骤后，单击【确定】按钮，系统会自动弹出【装配约束】对话框，在【装配约束】对话框中选择【接触对齐】类型，依次选择"chabing" 和"dianquan"的侧面，使之在一个平面中，如图9-38所示，单击【应用】按钮完成初步装配，图9-39所示。

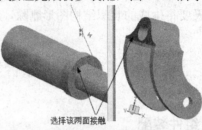

图9-37 装配dianquan   图9-38 初步装配示意图

在对话框中选择【方位】为【自动判断中心/轴】，依次选择"xiaozhou"的外表面和"叉柄"上孔的内表面，如图9-40所示，单击【确定】按钮，完成装配如图9-41所示。

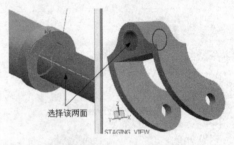

图9-39 完成初步装配后示意图   图9-40 第二次匹配条件

（3）采用上述同样地方法，完成轮子和轴销的装配，最终装配图如图9-42所示。

图9-41 第二组件完成后装配图   图9-42 最终装配图

（4）将装配后的文件另存为gualunjia。

9.6.2 爆炸图

（1）执行【装配】→【爆炸图】→【新建爆炸图】命令，在弹出的对话框中输入将要创建的爆炸图的名字。如图9-43所示，此处默认为系统提供的Explosion 1名称。

（2）执行【装配】→【爆炸图】→【自动爆炸组件】命令，然后选择需要创建爆炸图的组件，选择"叉柄"零件，接着在弹出的对话框中设置爆炸距离，如图9-44所示，设置"叉柄"零件爆炸后距离现在为5mm，完成后如图9-45所示。

（3）执行【爆炸图】→【编辑爆炸图】命令，弹出【编辑爆炸图】对话框，选择"xiaozhou"

对象,单击【移动对象】选项,绘图区拖动手柄移动"xiaozhou"的位置。同理,移动"dianquan"
零件,最后如图 9-46 所示。

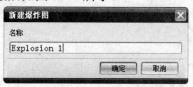

图 9-43　创建爆炸视图　　　　　　　　　　　图 9-44　"爆炸距离"对话框

图 9-45　完成初步爆炸后示意图　　　　　　　　图 9-46　最终爆炸视图

实验 1　打开随书光盘源文件\ 9\exercise\book_09_xxx.prt 零件组,用以完成如图
9-47 所示零件装配。

装配体

book_09_000.prt1 零件　　book_09_001.prt 零件　　book_09_002.prt 零件

图 9-47　实验 1

操作提示:

(1)采用自底向上方式装配。

(2)执行【装配】→【组件】→【配对约束】命令,详细操作见本章 9.3.2 节。

实验 2　创建如图 9-48 所示装配爆炸图。

操作提示:

执行【装配】→【爆炸视图】→【自动爆炸组件】命令即可。

爆炸图

图9-48 实验2

1. 什么是主模型，采用主模型的设计思想非常重要，具体体现在哪？

2. 什么是"自底向上装配"和"自顶向下装配"，具体什么情况下采用？

3. 装配过程中导入组件的过程是实例还是复制，这样导入有什么好处？

第10章 UG NX8.0 工程图

☞ 本章导读

　　UG NX8.0 的工程图是为了满足用户的二维出图功能。尤其是对传统的二维设计用户来说，很多工作还需要二维工程图。利用 UG 建模功能中创建的零件和装配模型，可以被引用到 UG 制图功能中快速生成二维工程图，UG 制图功能模块建立的工程图是由投影三维实体模型得到的，因此，二维工程图与三维实体模型完全关联。模型的任何修改都会引起工程图的相应变化。本章中简要介绍了 UG 制图中的常用功能。

　　图 10-1 所示为一工程图创建完成后示意图。

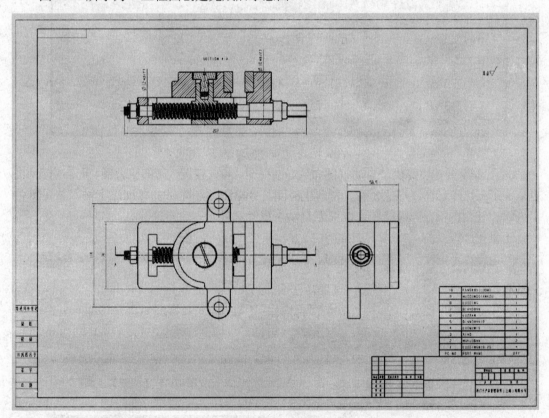

图 10-1 工程图示意图

👆 内容要点

　　　♣ 工程图参数预设置　　♣ 图纸管理　　♣ 视图管理　　♣ 标注与符号

10.1　工程图概述

执行【开始】→【所有应用模块】→【制图】命令，即可启动 UG 工程制图模块，进入工程制图界面（如图 10-2 所示）。

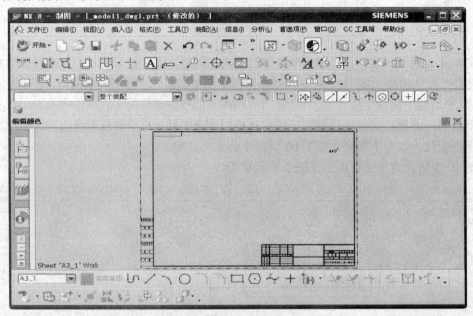

图 10-2　工程制图界面

UG 工程绘图模块提供了自动视图布置、剖视图、各向视图、局部放大图、局部剖视图、自动、手工尺寸标注、形位公差、表面粗糙度符号标注、支持 GB、标准汉字输入、视图手工编辑、装配图剖视、爆炸图、明细表自动生成等工具。

工具栏操作（如图 10-3～图 10-6 所示）。

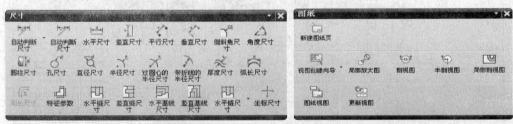

图 10-3　【尺寸】工具栏　　　　　　　　　图 10-4　【图纸】工具栏

 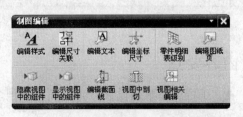

图 10-5　【注释】工具栏　　　　　　　　　图 10-6　【制图编辑】工具栏

10.2　工程图参数预设置

在添加视图时，应预先设置工程图的有关参数。设置符合国标的工程图尺寸，控制工程图的风格，以下对一些常用的工程图参数设置进行简单介绍，其他用户可以参考帮助文件。

10.2.1　制图参数设置

执行【首选项】→【制图】命令系统会弹出【制图首选项】对话框。该对话框用于设置工程图的相关参数。 以下介绍【视图】和【注释】选项的用法，如图 10-7 所示。

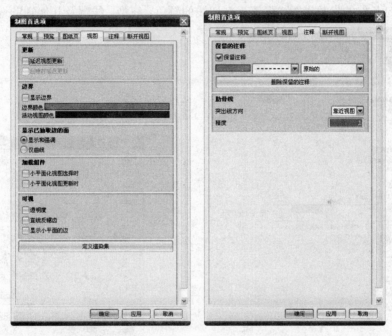

图 10-7　【制图首选项】对话框

（1）【延迟视图更新】：该命令选项位于【视图选项卡】中，用于抑制视图中的隐藏线、轮廓线、视图边界、剖面线等对象的更新。一般地，打开一个组件或者从建模模块进入到制图模块，或者是打开一张工程图时，系统都会初始化工程图，并根据实体模型的变化而自动更新各个视图。但如果选中了该复选框，则系统会在初始化工程图时，即使模型实体被更改，工程图中的各视图也不会更新。反之系统会自动更新。

（2）【保留注释】：该命令选项位于【注释选项卡】中，用于设置工程图中的注释是否保留。注释是指，工程图中所有关联到实体模型的对象，包括各种尺寸、中心线、剖切线、剖面线、文本和符号等。一般地，与实体模型关联的这些注释可能随着实体模型的修改而从视图中删除。如果选中该复选框，可以防止模型的修改而引起相关注释的删除。模型修改后，所有与模型相关的注释都设置为保留状态，并以指定的颜色，线型及线框显示。

（3）【删除保留的注释】：该命令选项位于【注释选项卡】中，用于删除当前工程图中的所有保留对象。

10.2.2 注释参数设置

执行【首选项】→【注释】命令，或者单击【注释首选项】图标 **A**，系统会弹出如图 10-8 所示对话框，可以在该对话框中设置包括：填充/剖面线、零件明细表、截面、单元格、单位、方法等。

10.2.3 截面线参数

执行【首选项】→【截面线】命令，或者单击【截面线首选项】图标 ，系统会弹出如图 10-9 所示对话框，用来设置剖切线的箭头尺寸、颜色、线型和文字等参数。对话框上部为箭头和延长线的参数设置，下部为剖切线的颜色、线型、线宽及其他辅助选项的设置。

图 10-8 【注释首选项】对话框

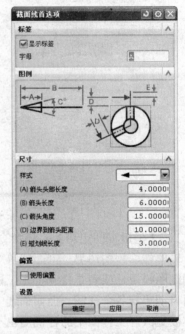

图 10-9 【截面线首选项】对话框

具体说明如下：

（1）图例：用来设置剖视图中剖切线箭头的参数，其中参数 A 表示箭头的大小，参数 B 表示箭头的长度，参数 C 表示箭头的角度，参数 D 表示剖切线箭头与图形框之间的距离，参数 E 表示剖切线延伸长度。

（2）尺寸：用来设置剖切线的尺寸箭头的样式以及各个参数。

（3）设置：用来设置标准剖切线的颜色、显示类型、线型、线宽、箭头类型等参数。

10.2.4 视图参数

执行【首选项】→【视图】命令，或者单击【视图首选项】图标，系统会弹出如图 10-10 所示对话框，该对话框包含截面线、消隐线显示参数、可见线显示设置、螺纹、光顺边和理论相交线显示等。

10.2.5 标记参数

执行【首选项】→【视图标签】命令，或者单击【视图标签首选项】图标，系统会弹出如图 10-11 所示对话框。在该对话框中，用户可以指定在生成视图时，设置视图的标记和比例。包括位置、格式、文本大小、文本内容等。

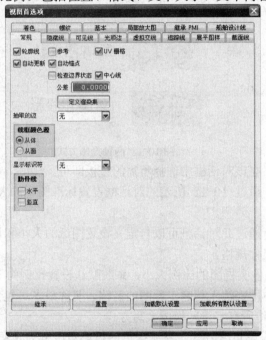

图 10-10 【视图首选项】对话框　　　图 10-11 【视图标签首选项】对话框

用户可以在 UG 的安装目录下找到对应的 ugii_env.dat 和 ug_metric.def 文件，修改对应的默认值，那样在 UG 启动时就可以用已修改了的默认设置进行操作了。

10.3　图纸管理

在 UG 中任何一个三维模型，都可以通过不同的投影方法、不同的图样尺寸和不同的比例创建灵活多样的二维工程图。本节包括了工程图的创建、打开、删除和编辑。

10.3.1 新建工程图

执行【插入】→【图纸页】命令，或者单击"图纸"工具栏中的图标，系统会弹出如图 10-12 所示对话框。对话框部分选项功能介绍如下：

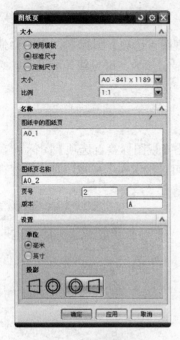

图 10-12　新建图纸

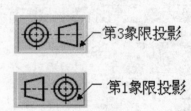

图 10-13　两种投影方式

（1）【使用模板】：选择此选项，在该对话框中选择所需的模板即可。

（2）【标准尺寸】：选择此选项，通过 10-12 所示的对话框设置标准图纸的大小和比例。

（3）【定制尺寸】：选择此选项，通过此对话框可以自定义设置图纸的大小和比例。

（4）【大小】：用于指定图纸的尺寸规格。

（5）【比例】：用于设置工程图中各类视图的比例大小，系统默认设置比例为 1：1。

（6）【图纸页名称】：该文本框中用来输入新建工程图的名称。名称最多可包含 30 个字符，但不允许含有空格，系统自动将所有字符转换成大写方式。

（7）【投影】：用来设置视图的投影角度方式。系统提供的投影角度分为【第三象限角投影】和【第一象限角投影】两种，如图 10-13 所示。按我国的制图标准，一般采用"第一象限角"的投影方式。两种投影方式如图 10-14 和图 10-15 所示。

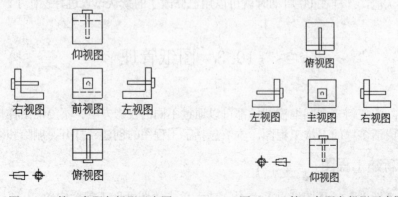

图 10-14　第一象限角投影示意图　　　　　　图 10-15　第三象限角投影示意图

10.3.2 编辑工程图

在进行视图添加及编辑过程中，有时需要临时添加剖视图、技术要求等，那么新建过程中设置的工程图参数可能无法满足要求（例如比例不适当），这时需要对已有的工程图进行修改编辑。

执行【编辑】→【图纸页】命令，系统会弹出类似图 10-12 所示对话框。在对话框中修改已有工程图的名称、尺寸、比例和单位等参数。完成修改后，系统会按照新的设置对工程图进行更新。需要注意的是：在编辑工程图时，投影角度参数只能在没有产生投影视图的情况下进行修改，否则，需要删除所有的投影视图后执行投影视图的编辑。

10.4　视图管理

创建完工程图之后就应该在图纸上绘制各种视图来表达三维模型。生成各种投影是工程图最核心的问题，UG 制图模块提供了各种视图的管理功能，包括添加各种视图、对齐视图和编辑视图等。其中大部分命令可以在如图 10-16 所示工具栏中找到。

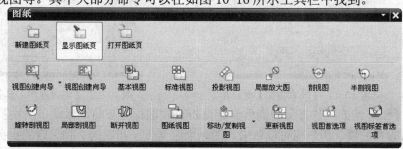

图 10-16　【图纸】工具栏

10.4.1 建立基本视图

执行【插入】→【视图】→【基本视图】命令，或者单击【基本视图】图标，系统会弹出如图 10-17 所示对话框。

（1）【视图样式】：用于启动"视图样式"设置对话框，可以进行相关视图参数设置。

（2）【要使用的模型视图】：该选项包括俯视图、左视图、前视图、正等轴测图等 8 种基本视图的投影。

（3）【定向视图工具】：该选项会弹出如图 10-18 所示对话框，用于定向视图的投影方向。

（4）【比例】：用于指定添加视图的投影比例，其中共有 9 种方式。

10.4.2 辅助视图

执行【插入】→【视图】→【投影】命令，或者单击【投影视图】图标，系统会弹出如图 10-19 所示对话框。

部分选项功能如下：

（1）【父视图】：用于在绘图工作区选择视图作为基本视图（父视图），并从它投影出其他视图。

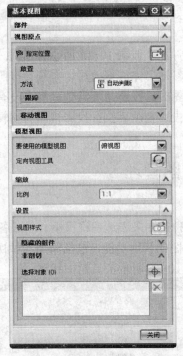

图 10-17　【基本视图】对话框　　　　　图 10-18　【定向视图工具】对话框

（2）【铰链线】：选择父视图后，定义折页线图标会被自动激活，所谓折页线就是与投影方向垂直的线。用户也可以单击该图标来定义一个指定的、相关联的折页线方向。

10.4.3 细节视图

执行【插入】→【视图】→【局部放大图】命令，或者单击【局部放大图】图标，系统会弹出如图 10-20 所示对话框。

部分选项功能如下：

（1）【圆周】：在父视图中选择了局部放大部位的中心点后，拖动鼠标来定义圆周视图边界的大小。

（2）【按拐角绘制矩形】：在父视图中选择了局部放大部位的中心点后，拖动鼠标来定义两角点绘制矩形视图边界的大小。

（3）【按中心和拐角绘制矩形】：在父视图中选择了局部放大部位的中心点后，拖动鼠标来定义中心点和角点绘制矩形视图边界的大小。

10.4.4 剖视图

执行【插入】→【视图】→【截面】→【简单/阶梯剖】命令，或者单击【剖视图】图标，系统会弹出如图 10-21 所示对话框，其简单剖视图示意图如图 10-22 所示。

部分选项功能如下：

【添加段】：即实现阶梯剖视图，可以添加多个剖切位置和弯折位置。

图 10-19　【投影视图】对话框　　　　　　　图 10-20　【局部放大图】对话框

放置剖视图：折叶线放置好以后，移动鼠标，在图纸中找到合适的位置，单击鼠标左键放置剖视图。

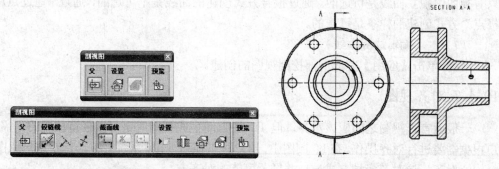

图 10-21　【剖视图】对话框　　　　　　图 10-22　【简单剖视】示意图

10.4.5　折叠剖视图

执行【插入】→【视图】→【截面】→【折叠剖】命令，选择不同的类型，选择不同的折叶线，用户可以创建不同的视图，比如阶梯剖、半剖、旋转剖视图等。

10.4.6　局部剖视图

执行【插入】→【视图】→【截面】→【局部剖】命令，或者单击【局部剖视图】图标，系统会弹出如图 10-23 所示对话框。

局部剖是一种比较特殊的剖视图，主要用于完成立体挖剖的效果（如图 10-24 所示）。

在创建局部剖视之前，用户需要先定义和视图关联的局部边界。其一般创建过程如下：

（1）选取基本视图（父视图），选取其边界线框，单击右键选取【扩展成员视图】或者执行【视图】→【操作】→【扩展】命令，利用曲线功能在要创建局部挖剖部位绘制边界线。完成后，选取视图边框右击鼠标选取【扩展成员视图】或者执行【视图】→【操作】→【扩展】命令，退出成员视图。

（2）执行【插入】→【视图】→【局部剖视图】命令，进入局部剖视环境。

（3）单击【选择视图】图标 ，选取已建立局部挖剖边界的视图作为父视图。

图 10-23　【局部剖】对话框　　　　　　图 10-24　【局部剖视图】示意图

（4）单击【指出基点】 ，该点是用于指定剖切位置的起始点。

（5）单击【指出拉伸矢量】 ，用户可以利用对话框中的矢量创建方式指定合适的投影方向。

（6）单击【选择曲线】 ，曲线边界是局部挖剖图的挖剖范围。需要注意的是，只有视图中独立曲线是可选的。通过拟合方式创建的曲线是不可选的，通过"通过点/通过极点"方式创建的样条是可选的。

（7） （编辑边界曲线）。

（8）单击【应用】完成局部挖剖视图的创建。

10.4.7　对齐视图

一般而言，视图之间应该对齐，但 UG 在自动生成视图时是可以任意放置的，需要用户根据需要进行对齐操作。在 UG 制图中，用户可以拖动视图，系统会自动判断用户意图（包括中心对齐、边对齐多种方式），并显示可能的对齐方式，基本上可以满足用户对于视图放置的要求。

执行【编辑】→【视图】→【对齐】命令，或者单击图纸工具栏中的 （对齐视图）图标，系统会弹出如图 10-25 所示对话框。

图 10-25　【对齐视图】对话框

对话框中部分选项说明如下：

列表框：在列表框中列出了所有可以进行对齐操作的视图。

【叠加】：即重合对齐，系统会将视图的基准点进行重合对齐。

【水平】：系统会将视图的基准点进行水平对齐。

🖵【竖直】：系统会将视图的基准点进行竖直对齐。它与"水平对齐"都是较为常用的对齐方式。

🖵【垂直于直线】：系统会将视图的基准点垂直于某一直线对齐。

🖵【自动判断】：该选项中，系统会根据选择的基准点，判断用户意图，并显示可能的对齐方式。

【对齐方式】

➢【模型点】：使用模型上的点对齐视图。

➢【视图中心】：使用视图中心点对齐视图。

➢【点到点】：移动视图上的一个点到另一个指定点来对齐视图。

10.4.8 编辑视图

（1）【编辑整个视图】：选中需要编辑的视图，在其中单击右键弹出快捷菜单（如图 10-26 所示），可以更改视图样式、添加各种投影视图等。主要功能与前面介绍的相同，此处不再介绍了。

（2）【视图的详细编辑】：视图的详细编辑命令集中在【编辑】→【视图】子菜单下，如图 10-27 所示。

以下就其中的"视图相关编辑"作一介绍：执行【编辑】→【视图】→【视图相关编辑】，系统会弹出如图 10-28 所示对话框。

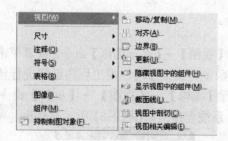

图 10-26　对整个视图的编辑　　　图 10-27【视图】编辑子菜单　　　图 10-28　【视图相关编辑】对话框

以下对其部分功能作一介绍：

（1）【添加编辑】：用于让用户选择进行什么样的视图编辑操作：

🖵【擦出对象】：用于擦除视图中选择的对象。擦除对象不同于删除操作，擦除仅仅是将所选对象隐藏起来，不进行显示而已，如图 10-29 所示。

🖵【编辑完全对象】：用于编辑视图或工程图中所选的整个对象的显示方式，编辑内容包括颜色、线型和线宽。选择该选项后，系统会激活【直线颜色】、【线型】、【行距间因子宽度】选项用于设置，并屏蔽掉其他选项。

【编辑着色对像】：编辑着色对像的显示方式。单击该按钮，设置颜色，单击【应用】按钮。打开"类选择"对话框，选择要编辑的对像并单击【确定】按钮，则所选的着色对像按设置的颜色显示。

【编辑对象段】：编辑部分对象的显示方式，用法与编辑整个对象相似。再选择编辑对象后，可选择一个或两个边界，则只编辑边界内的部分。如图 10-30 所示。

  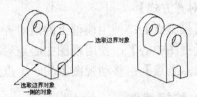

图 10-29 【擦除对象】示意图　　　　图 10-30 【编辑对象段】示意图

【编辑剖视图背景】：编辑剖视图背景线。在建立剖视图时，可以有选择地保留背景线，而使背景线编辑功能，不但可以删除已有的背景线，而且还可添加新的背景线。

（2）【删除编辑】：用来删除前面所作的某些编辑操作：

【删除选择的擦除】：用于删除前面所作的擦除操作，使先前擦除的对象重新显示出来。

【删除选择的修改】：用于删除所选视图中先前进行的某些编辑工作，使先前编辑过的对象回到原来的显示状态。

【删除所有编辑】：用于删除所选视图先前进行的所有编辑操作，所有对象全部回到原来的显示状态。选择该步骤，系统会弹出一确认信息对话框，用于确认是否删除所有编辑工作。

（3）【转换相依性】：用于设置对象在视图与模型之间进行转换。

➤　【从模型到视图】：用于转换模型中存在的单独对象到视图中。

➤　【从视图送至模型】：用于转换视图中存在的单独对象到模型中。

10.4.9 显示与更新视图

（1）视图的显示：执行【视图】→【显示图纸】命令，或者单击图纸工具栏中的（显示片体）图标，系统会在对象的三维模型与二维工程图纸间进行转换。

（2）视图的更新：执行【编辑】→【视图】→【更新】命令，或者单击图纸工具栏中的（更新视图）图标。系统会弹出如图 10-31 所示对话框。

图 10-31 【更新视图】对话框

对话框部分选项作一介绍：

【显示图纸中的所有视图】：用于控制在列表框中是否列出所有的视图，并自动选择所有过期视图。选取该复选框之后，系统会自动在列表框中选取所有过期视图，否则，需要用户自己更新过期视图。

➤【选择所有过时视图】：用于选择工程图中的过期视图。

➤【选择所有过时自动更新视图】：用于自动选择工程图中的过期视图。

10.5　标注与符号

为了表达零件的几何尺寸，需要引入各种投影视图，为了表达工程图的尺寸和公差信息，必须进行工程图的标注。

10.5.1　尺寸标注

UG 标注的尺寸是与实体模型匹配的，与工程图的比例无关。在工程图中进行标注的尺寸是直接引用三维模型的真实尺寸，如果改动了零件中某个尺寸参数，工程图中的标注尺寸也会自动更新。

执行【插入】→【尺寸】下的命令，如图 10-32 所示，或在尺寸标注工具栏中激活某一图标命令，系统会弹出各自的尺寸标注对话框，如图 10-33 所示，各种尺寸标注方式如下：

图 10-32　【尺寸】子菜单命令　　　　　　　　图 10-33　【尺寸】工具栏

（1）　【自动判断尺寸】：由系统自动判断出选用哪种尺寸标注类型来进行尺寸的

标注。

（2）⚟【圆柱尺寸】：用来标注工程图中所选圆柱对象之间的尺寸，如图 10-34 所示。

（3）⚟【直径尺寸】：用来标注工程图中所选圆或圆弧的直径尺寸，如图 10-35 所示。

图 10-34 【圆柱尺寸】示意图　　　　　图 10-35 【直径尺寸】示意图

（4）⚟【水平尺寸】：用来标注工程图中所选对象间的水平尺寸，如图 10-36 所示。

（5）⚟【竖直尺寸】：用来标注工程图中所选对象间的垂直尺寸，如图 10-37 所示。

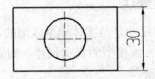

图 10-36 【水平尺寸】　　　　　图 10-37 【竖直尺寸】示意图

（6）⚟【平行尺寸】：用来标注工程图中所选对象间的平行尺寸，如图 10-38 所示。

（7）⚟【垂直尺寸】：用来标注工程图中所选点到直线（或中心线）的垂直尺寸，如图 10-39 所示。

图 10-38 【平行尺寸】示意图　　　　　图 10-39 【垂直尺寸】示意图

（8）⚟【倒斜角尺寸】：用来标注对于国标的 45° 倒角的标注。目前不支持对于其他角度倒角的标注，如图 10-40 所示。

（9）⚟【孔尺寸】：用来标注工程图中所选孔特征的尺寸，如图 10-41 所示。

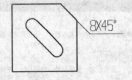

图 10-40 【倒斜角尺寸】示意图　　　　　图 10-41 【孔尺寸】示意图

（10）⚟【角度尺寸】：用来标注工程图中所选两直线之间的角度。

（11）⚟【半径尺寸】：用来标注工程图中所选圆或圆弧的半径尺寸，但标注不过圆心，如图 10-42 所示。

（12）⚟【过圆心的半径尺寸】：用来标注工程图中所选圆或圆弧的半径尺寸，但标注过圆心，如图 10-43 所示。

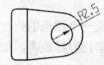　　　　　　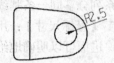

图 10-42【半径尺寸】示意图　　　　　图 10-43　【过圆心的半径尺寸】示意图

（13）🡕【带折线的半径尺寸】：用来标注工程图中所选大圆弧的半径尺寸，并用折线来缩短尺寸线的长度，如图 10-44 所示。

（14）✕【厚度尺寸】：用来标注工程图中所选两不同半径的同心圆弧之间的距离尺寸，如图 10-45 所示。

图 10-44　【带折线的半径尺寸】示意图　　　　图 10-45【厚度尺寸】示意图

（15）⌒【弧长尺寸】：用来标注工程图中所选圆弧的弧长尺寸，如图 10-46 所示。

（16）凷【水平链尺寸】：用来在工程图上生成一个水平方向（XC 方向）的尺寸链，即生成一系列首尾相连的水平尺寸，如图 10-47 所示。

　　　　　　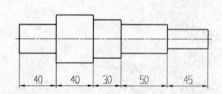

图 10-46　【弧长尺寸】示意图　　　　图 10-47　【水平链尺寸】示意图

（17）吕【竖直链尺寸】：用来在工程图上生成一个竖直方向（YC 方向）的尺寸链，即生成一系列首尾相连的垂直尺寸，如图 10-48 所示。

（18）冃【水平基线尺寸】：用来在工程图上生成一个水平方向（XC 方向）的尺寸系列，该尺寸系列分享同一条基线，如图 10-49 所示。

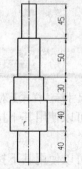　　　　　　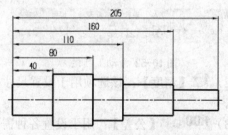

图 10-48　【竖直链尺寸】示意图　　　　图 10-49　【水平基线尺寸】示意图

（19）（竖直基线尺寸）：用来在工程图上生成一个垂直方向（YC方向）的尺寸系列，该尺寸系列分享同一条基线，如图10-50所示。

（20）（坐标尺寸）：用来在标注工程图中定义一个原点的位置，作为一个距离的参考点位置，进而可以明确地给出所选对象的水平或垂直坐标距离，如图10-51所示。

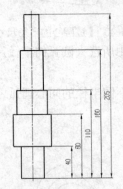

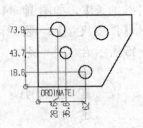

图10-50 【竖直基准线尺寸】示意图　　　　图10-51 【坐标尺寸】示意图

单击每一个标注图标后，系统会弹出类似图10-52所示的浮动工具栏，其功能如下：

（1）（尺寸标注样式）：该选项会弹出如图10-53所示对话框，用于设置详细的尺寸类型，包括尺寸的位置、精度、公差、线条和箭头、文字和单位等。

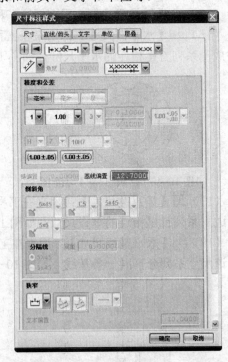

图10-52 浮动工具栏　　　　图10-53 【尺寸标注样式】对话框

（2）（精度）：该选项用于设置尺寸标注的精度值，可以使用其下拉选项进行详细设置。

（3）（公差）：用于设置各种需要的精度类型，可以使用其下拉选项进行详细设置。

（4）　🅰【文本编辑器】：单击该图标其对话框如图 10-54 所示。部分功能如下：

1）文本工具栏 `chinesef_fs`　▾【选择字体】：用于选择合适的字体。

2）制图符号

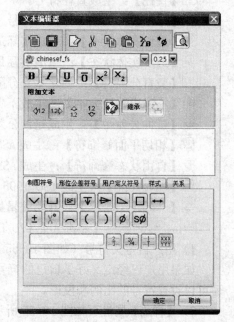

图 10-54　【文本编辑器】对话框

⌄【埋头孔】：生成埋头孔符号。

⊔【沉头孔】：生成沉头孔符号。

[SF]【孔口平面】：生成孔口平面符号。

▽【深度】：编辑深度符号。

▷【圆锥拔模角】：生成圆锥拔模角符号。

◿【斜率】：项具有斜坡的图形生成斜度符号。

▢【正方形】：给横向和竖向具有相同长度的图形创建正四边形符号。

↔【介于】：创建间隙符号。

±【正负】：创建正负号。

×°【角度】：创建角度记号。

⌒【弧长】：创建弧长符号。

(【左括号】：生成左括号。

)【右括号】：生成右括号。

∅【直径】：生成直径符号。

S∅【球体直径】：生成球体直径符号。

²⁄₃【2/3 分数】：以所输入的尺寸值的 2/3 大小来创建标注。

¾【3/4 分数】：以所输入的尺寸值的 3/4 大小来创建标注。

⊹【全分高分数】：以所输入的尺寸值同样大小来创建标注。

XXX【两行文本】：所创建的标注为两行。

3）形位公差符号

⊞【开始单个方块】：单击该按钮开始编辑单框形位公差。

━【直线度】：生成直线度符号。

▱【平面度】：生成平面度符号。

◯【圆弧度】：生成圆弧度符号。

⌀【圆柱度】：生成圆柱度符号。

⌒【线轮廓】：生成自由弧线的轮廓符号。

◠【面轮廓】：生成自由曲面的轮廓符号。

∠【角】：生成倾斜度符号。

⊥【垂直度】：生成垂直度符号。

⊞【开始复合框】：在一个框架内创建另一个框架，即组合框。

//【平行度】：生成平行度符号。

⌖【位置度】：生成零件的点、线及面的位置符号。

◎【同轴度】：向具有中心的的圆形对象创建同心度符号。

＝【对称度】：以中心线、中心面或中心轴为基准创建对称符号。

【圆跳动度】：创建圆跳动度符号。

【全跳动度】：创建全跳动度符号。

【直径】：生成直径符号。

【球径】：生成球体直径符号。

【最大实体状态】：生成实际最大尺寸符号。

【最少实体状态】：生成实际最小尺寸符号。

【竖直分隔符】：创建垂直分隔符。

【不考虑特征大小】：生成不考虑特征大小符号。

【延伸公差带】：生成延伸公差带符号。

【相切平面修饰符】：生成 ASME 1994 相切平面修饰符号。

【自由状态修饰符】：生成 ASME 1994/ISO 1995 自由状态修饰符号

【Envelope】：生成 ISO 1995 相切平面修饰符号

【开始下一个框】：开始编辑另一形位公差。

【基准 A/B/C/D/E/F 标注】：生成 A/B/C/D/E/F 基准符号。

4）用户自定义符号（如图 10-55 所示）。

如果用户已经定义好了自己的符号库，可以通过指定相应的符号库来加载它们，同时还可以设置符号的比例和投影。

5）【样式】属性页如图 10-56 所示，用户可以通过【竖直文本】来输入竖直文本，也可以指定文本的倾斜角度。

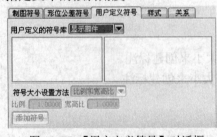

图 10-55 【用户定义符号】对话框

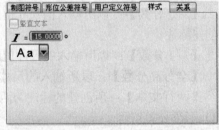

图 10-56 【样式】属性页

6）【关系】属性页如图 10-57 所示，用户可以将物体的表达式、对象属性、零件属性标注出来，并实现关联。

图 10-57 【关系】属性页

10.5.2 注释编辑器

执行【插入】→【注释】→【注释】命令，弹出如图 10-58 所示对话框。

下面介绍对话框中各个选项的用法：

（1）【清除】：清除所有输入的文字。

（2）【剪切】：剪切选中的文字。

（3）【删除文本属性】：删除字型为斜体或粗体的属性。

（4）【选择下一个符号】：注释编辑器输入的符号来移动光标。

（5）【上标】：在文字上面添加内容

（6）【下标】：在文字下面添加内容。

（7）【选择字体】：用于选择合适的字体。

10.5.3　标示符号

执行【插入】→【注释】→【标识符号】命令，或者单击【标识符号】图标，系统弹出如图 10-59 所示对话框。

利用该标识符对话框可以创建工程图中的各种表示各部件的编号以及页码标识等 ID 符号，还可以设置符号的大小、类型、放置位置。

对话框常用选项功能如下：

（1）【类型】：系统提供了多种符号类型供用户选择，每种符号类型可以配合该符号的文本选项，在标识符号中放置文本内容。如果选择了上下型的标识符号类型，可以在【上部文本】和【下部文本】中输入两行文本的内容，如果选择的是独立型 ID 符号，则只能在【上部文本】中输入文本内容。

图 10-58　【注释】对话框

图 10-59　【标识符号】对话框

10.6　综合实例——法兰盘工程图

10.6.1　创建工程图

在下拉菜单栏中选择"文件"→"新建"命令，打开 "新建"对话框。在"图纸"选项卡中选择"A3-无视图"模板。在"要创建图纸的部件"栏中单击【打开】按钮，打开"选择主模型部件"对话框，单击【打开】按钮，打开 "部件名"对话框，选择打开附带光盘文件：源文件\chapter_10\gongchengtu.prt，打开的零件如图 10-60 所示。然后单击【确定】按钮。进入制图界面。

    在下拉菜单中选择"插入"→"视图"→"基本"命令，打开"基本视图"对话框如图 10-61 所示，单击"定向视图工具"按钮，打开"定向视图工具"对话框，指定法向矢量为 ZC 轴，指定 X 向矢量为-YC 轴，将缩放【比例】设置为 1:2，如图 10-62 所示。单击"确定"按钮，将视图放置到适当位置，创建如图 10-63 所示工程图。

图 10-60 gongchengtu.prt 零件示意图

图 10-61 创建投影方式

图 10-62 【定向视图工具】对话框

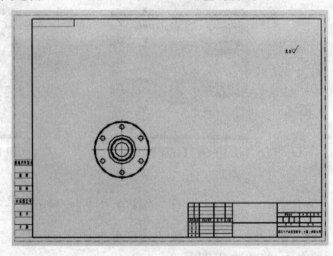

图 10-63 创建俯视图

10.6.2 创建视图

    （1）执行【插入】→【视图】→【基本】命令或单击【基本视图】图标，将缩放【比例】设置为 1:2，在工程图中添加"前视图"和"正等测视图"。

（2）执行【插入】→【视图】→【投影视图】命令创建辅助视图。

✦ **实验2**　打开随书附带光盘…\chapter_10\exercise\book_10_02.prt，标注零件如图 10-68 所示。

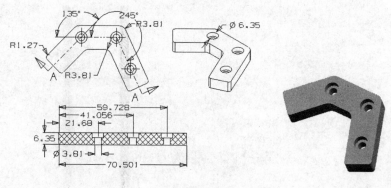

图 10-68 实验 2

操作提示：

（1）设置剖视图式样。

（2）设置剖面线式样。

（3）标注操作详见本章 10.5.1 节，并设置好尺寸式样。

1．如何进行工程图参数的首选项，从而定制自己的制图环境？

2．对于创建立体挖剖视图，UG 中提供了哪几种命令可以实现这类效果，具体情况又是怎样实现的？

3．如何创建装配件的爆炸视图的工程图？

4．如何定制零件明细表模板？